# OS SETE REMÉDIOS SOLARES

*A ação curativa das flores e dos metais*

**Obras do autor:**

## PLANTAS QUE AJUDAM O HOMEM
*Guia prático para a época atual*
(em co-autoria)

❖

## GUIA PRÁTICO DE TERAPÊUTICA EXTERNA
*Métodos e procedimentos terapêuticos
de grande simplicidade e eficácia*

❖

## O ETERNO PLANTIO
*Um reencontro da Medicina com a Natureza*

❖

## CURAS PELA QUÍMICA OCULTA
*Realidades suprafísicas na Medicina*

❖

## JORNADAS PELO MUNDO DA CURA

❖

## RECEITUÁRIO DE MEDICAMENTOS SUTIS
*Elaboração e Prescrição*

❖

## A MEDICINA RESGATADA
*Uma introdução à Praxis Vertebralis*
(em co-autoria)

❖

## O PODER DE CURA NO SER HUMANO

❖

## OS SETE REMÉDIOS SOLARES
*A ação curativa das flores e dos metais*

---

Editora Pensamento (Brasil) e Errepar (Argentina)

Dr. José Maria Campos
(Clemente)

# OS SETE REMÉDIOS SOLARES

*A ação curativa das flores e dos metais*

Editora Pensamento
São Paulo

Copyright © 1999 Dr. José Maria Campos.

*Ilustrações: Teresa Schlosser*

Agradecemos a Angélica
(Núbia Moura Ribeiro – Mestrado em Fitoquímica)
o impulso que deu início às pesquisas sobre
os medicamentos aqui apresentados.

| Edição | Ano |
|---|---|
| 2-3-4-5-6-7-8-9 | 00-01-02-03-04 |

Direitos reservados
**EDITORA PENSAMENTO LTDA.**
Rua Dr. Mário Vicente, 374 — CEP 04270-000 — São Paulo, SP — Brasil
Fone: 272-1399 — Fax: 272-4770
E-MAIL: pensamento@cultrix.com.br — http://www.pensamento-cultrix.com.br

*Impresso em nossas oficinas gráficas.*

# Sumário

Prólogo .................................................................................... 7

A harmonia das flores ............................................................ 13

Esferas de manifestação da vida ........................................... 17

A formação da vida orgânica ................................................. 23

Tendências e predisposições da personalidade ..................... 29

Os sete remédios solares ....................................................... 37

Indicações de uso dos hidratos solares ................................. 45

Visão aprofundada dos sete hidratos solares ........................ 49

Relatos de casos clínicos ........................................................................... 85

Epílogo ........................................................................................................ 97

Índice analítico ........................................................................................... 99

# Prólogo

A espécie humana foi criada segundo um padrão de perfeição e de harmonia que deverá manifestar a certa altura de sua trajetória evolutiva. Suas experiências poderiam aproximá-la da expressão desse padrão. Contudo, até agora uma gama significativa delas ocorreu em situações conflituosas, gerou traumas e contribuiu para que as respostas aos estímulos internos ou externos a distanciassem da perfeição e da harmonia previstas.

Se no ser persiste a incapacidade de responder positivamente aos acontecimentos da vida externa, grande descompasso se estabelece entre sua expressão e seu arquétipo original, e evidenciam-se quadros patológicos.

O reencontro da saúde psíquica e corpórea equivale a reavivar na matéria física, na emocional e na mental o padrão original espiritualmente concebido. Esse processo é efetivo quando inclui a descoberta de valores elevados e a vida se transforma para refleti-los.

Com um quadro patológico já estabelecido, em geral o retorno ao equilíbrio requer auxílios externos: impulsos que reforcem no ser a sintonia com a perfeição.

Na formação do arquétipo do ser humano afluem forças cósmicas em equilíbrio. Essas mesmas forças incidem constantemente sobre toda a vida manifestada e atuam no cotidiano. O temperamento individual resulta da combinação dessas forças, em diferentes proporções, determinada nos níveis profundos do ser.

A interação de forças cósmicas com a vida material terrestre é percebida, por exemplo, no efeito das fases da Lua nas marés e no crescimento das plantas. Todos os astros têm esse poder de influir na vida terrestre; varia, porém, o grau e o nível de atuação. A influência de alguns astros pode ser percebida no plano meramente físico, enquanto a de outros em planos mais sutis.

No ser humano, essas influências refletem-se na própria estrutura de sua forma física, na constituição e funcionamento dos órgãos, e ainda nas características e disposições da personalidade. As forças cósmicas emanadas sobretudo de sete astros do sistema solar — Lua, Vênus, Mercúrio, Sol, Marte, Júpiter e

Saturno — refletem-se nas disposições básicas do pensamento, do sentimento e da conduta.

Os impulsos estruturadores e construtores das formas, presentes em cada um desses astros, encontram correspondência na energia expressa por determinado metal, que cumpre a função de atrair esses impulsos, ancorá-los e concentrá-los na órbita da Terra, e de permear com suas qualidades a vida planetária. Se em suas características ou condutas o ser humano se distanciou do seu arquétipo, tal situação reflete a perda do contato com o impulso puro das forças cósmicas.

A energia do metal correspondente ao aspecto a ser harmonizado pode ser incluída em um preparado sutil, e seu uso trazer como resultado o ajustamento ao padrão de harmonia.

Com esse conhecimento relativamente claro e até certo ponto amadurecido na consciência e com minha formação médica acadêmica já concluída, vi-me, em determinado momento da vida, diante de uma nova e inesperada oportunidade de serviço. Por anos dediquei-me integralmente à pesquisa no campo da saúde e da cura e pude perceber de perto a lacuna existente entre medicamentos sutis (homeopáticos, fitoterápicos e florais, entre outros) que colaboram na harmonização dos corpos emocional e mental do ser humano e os medicamentos alopáticos — os chamados psicofármacos — que atuam em transtornos psíquicos. Interessado há anos em temas de astronomia e com uma vida bem integrada na natureza, em seus ritmos e manifestações, fui conduzido pela premência das necessidades externas e por inspiração interna a reconhecer a relação energética de alguns vegetais com o poder estruturante desses astros e dos metais correspondentes. Um dos desdobramentos dessa pesquisa resultou nos sete medicamentos apresentados neste livro, medicamentos compostos, que denominamos *hidratos florais metálicos solares*[1]. Têm como base os sete metais principais, que enfeixam as características de todos os temperamentos humanos.

Enquanto cumprem o papel de ancorar as energias imateriais na forma, os metais realizam um trabalho organizador da mente e das emoções do ser humano. No entanto, o mecanismo de ação preponderante dos metais, mesmo dinamizados, corresponde a uma etapa de condensação e de densificação da matéria; e, como toda a vida na Terra está ingressando em uma via de sutilização, fez-se necessário um intermediário entre esse mecanismo estruturante dos metais e o impulso que hoje a espécie humana está recebendo.

---

[1] O significado do termo hidrato aqui utilizado não corresponde ao que a Química lhe confere; no contexto deste livro refere-se a um preparado sutil que tem como base o elemento água e integra impulsos florais e metálicos bem específicos. Sua elaboração inclui, conforme veremos, a energia radiante do Sol como elemento catalisador e dinamizador.

As flores desempenham essa função mediadora. Amortecem e amenizam o poder estruturante e condensador dos metais, e por sua intrínseca harmonia ampliam a sua capacidade de ação. Ao interagir, durante a elaboração do medicamento, com as correntes cósmicas que fazem parte dos metais, são impregnadas por suas vibrações e ao mesmo tempo abrem vias para a ação do medicamento.

Os *hidratos florais metálicos solares*, tema deste livro, permeiam os corpos humanos dos que fazem uso deles com essas vibrações e podem restaurar sua saúde, harmonia e equilíbrio. Coloca-os em contato com padrões até hoje não alcançados, abre possibilidades e amplia perspectivas de um futuro em que a espécie, livre de pesos e de egoísmos, consciente dos recursos infinitos de que dispõe, poderá cumprir o belo papel que lhe cabe neste mundo.

# A harmonia das flores

As flores representam a etapa de máxima sutilização da matéria no reino vegetal. Para elas convergem substâncias e forças terrestres que ascendem do solo e se elevam de patamar em patamar dentro do campo vital da planta. Por outro lado, as flores são o gesto sublime de entrega do vegetal à luz. Nessa doação ele incorpora os elementos imponderáveis que lhe chegam de todas as direções do cosmos e os expressa como cores, harmonia de formas, aromas e vibrações.

Por meio das folhas as plantas se abrem diretamente às influências da luz do Sol. Assimilam sua energia radiante, materializam-na pela fotossíntese sob a forma de substâncias, e assim a introduzem na vida vegetal. Por meio das flores, porém, as plantas se doam por completo à luz e trazem à manifestação material o resultado dessa comunhão. Assim, na formação floral as plantas se elevam acima da vida vegetativa e se relacionam mais intensamente com a vida solar e cósmica, seus ritmos e movimentos.

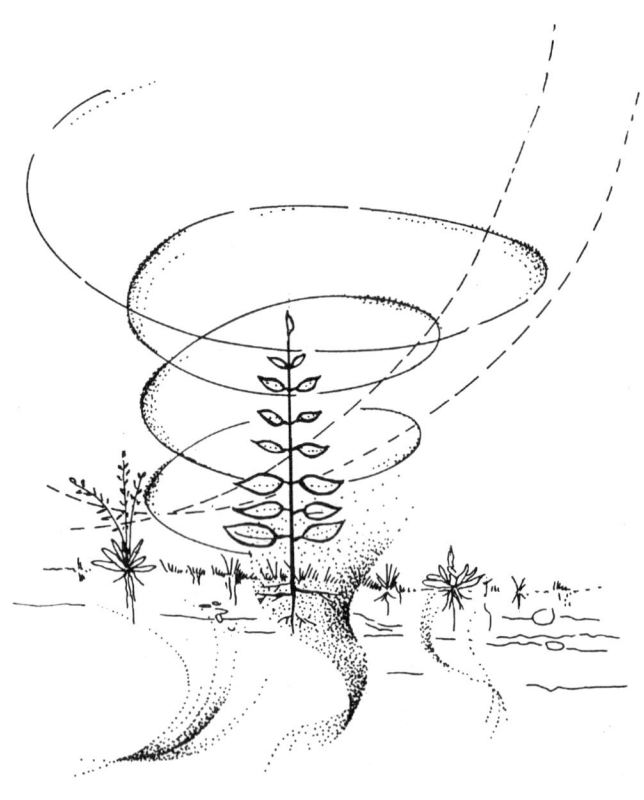

As correntes de forças, cósmicas e telúricas, presentes na vida do vegetal.

Nas flores se materializa em alto grau o padrão de harmonia da planta. Esse concentrado de energias, impregnado de impulsos de ordem e pureza, atua no organismo e no psiquismo humano, favorecendo seu reequilíbrio.

A irradiação das flores toca o ser humano sobretudo no plano etérico e no astral-emocional. Suas cores, a simetria das suas formas, seus perfumes e emanações sutis elevam também o campo etérico do ambiente.

Mas há ainda aspectos mais profundos das flores, aspectos que atingem até a periferia do corpo causal[2] do ser humano, influenciando suas disposições anímicas. É dessa influência que derivam as demais, acima citadas.

Cada vegetal está em sintonia especial com determinadas correntes de energia cósmica. As flores associadas aos metais nos hidratos solares apresentados neste livro foram selecionadas de forma intuitiva, não racional, tendo em vista sua interação com essas correntes. Para esse reconhecimento várias formas de ajuda interna vieram-nos ao encontro. Quando era necessário perceber a flor correspondente a alguma corrente cósmi-

---

[2] Corpo causal: veículo de expressão da alma em níveis supramentais. Trata-se de uma estrutura energética que sintetiza as experiências do ser nas suas passagens pela Terra.

ca, ou essa flor surgia de forma precisa e inesperada na nossa tela mental e logo depois era encontrada na natureza ou, ao passar por uma planta em florescimento, misteriosamente emergiam em nossa consciência impressões que revelavam tal interação.

Ao longo da elaboração desses sete hidratos solares, várias constatações foram confirmando as impressões iniciais. A atitude interna do grupo de voluntários que colaboraram nas pesquisas muito concorreu para o seu correto desenvolvimento. Somos profundamente gratos por sua ação desinteressada a serviço de um Plano Maior, ação sem a qual os remédios nem poderiam ter surgido.

# Esferas de manifestação da vida

As relações sutis entre os metais, os planetas e o ser humano já eram conhecidas nas civilizações do passado e chegaram também a desvelar-se através dos tempos, em certo grau, principalmente a ocultistas e alquimistas. Essas relações têm por base o padrão vibratório essencial, uno, da energia que os anima. Em outras palavras, fundamentam-se na pulsação energética da mesma Fonte Cósmica que os origina.

Desde que a humanidade iniciou sua busca de conhecimento dos impulsos internos que concorrem na formação da vida material, foi percebida a contribuição do poder estruturante e plasmador dos sete metais principais, como representantes de energias cósmicas: *Argentum* (prata); *Cuprum* (cobre); *Mercurius* (mercúrio); *Aurum* (ouro); *Ferrum* (ferro); *Stannum* (estanho); *Plumbum* (chumbo).³ Esses metais têm sua origem em impulsos cósmicos presentes na esfera energética de sete astros do nosso sistema solar.

A órbita física aparente de cada um desses astros delimita esferas específicas de forças e de influências, que se interpenetram e interagem. Essas esferas albergam vidas, seres e consciências elevadas, possuem qualidades energéticas próprias, abarcam impulsos criadores. Por isso os antigos, conhecedores em profundidade de tais realidades cósmicas ocultas, denominavam todos esses astros de *esferas planetárias*, modo de classificar distinto do adotado pela ciência astronômica: sóis, estrelas, planetas ou satélites.

Cada uma dessas esferas é permeada também por uma fina substancialidade, correspondente a um elemento específico — um metal —, porém em estado altamente diluído e dinamizado, quase imaterial.

---

[3] Para designar os elementos químicos, a ciência oficial utiliza universalmente abreviaturas formadas por *duas letras*. As abreviaturas dos sete metais, também utilizadas neste livro, são: *Ag (Argentum); Hg* (deriva de *Hydrargyrum*, outro nome do *Mercurius); Cu (Cuprum); Au (Aurum); Fe (Ferrum); Sn (Stannum)* e *Pb (Plumbum)*.

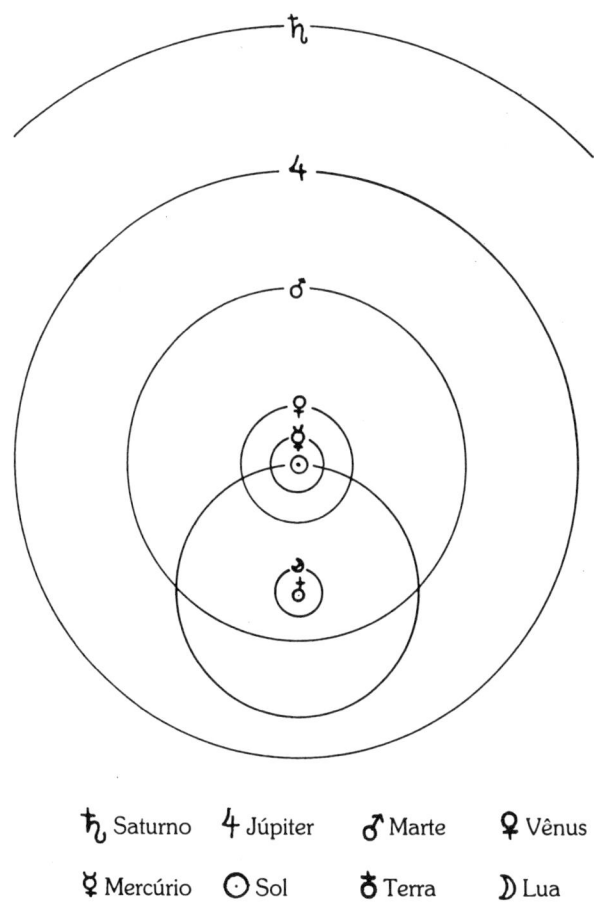

♄ Saturno  ♃ Júpiter  ♂ Marte  ♀ Vênus

☿ Mercúrio  ☉ Sol  ♁ Terra  ☽ Lua

A ordem do sistema solar concebida por Tycho Brahe, e utilizada neste livro, retrata não apenas um centro, como no sistema de Ptolomeu (*geocentrismo*, que tem a Terra como referência) e no sistema de Copérnico (*heliocentrismo*, que tem o Sol como referência), mas sim dois centros: a Terra, no centro da órbita do Sol, e o Sol, no centro das órbitas dos demais astros. (Reprodução sem escala)

O universo visível é apenas a manifestação parcial de um espaço cósmico real permeado de substâncias e forças em estado sutil.

Os metais espalhados por toda a Terra representam a etapa final de condensação dessas forças invisíveis. Assim, o sistema de forças cósmicas presente na esfera da Lua dá origem ao *Argentum*; o de Mercúrio, ao *Mercurius*; o de Vênus, ao *Cuprum*; o do Sol, ao *Aurum*; o de Marte, ao *Ferrum*; o de Júpiter, ao *Stannum;* o de Saturno, ao *Plumbum*.

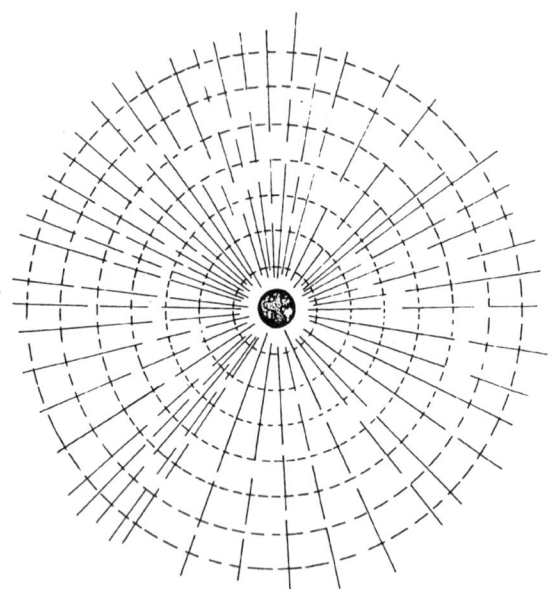

Esfera terrestre e uma representação do universo de energias e forças com o qual interage.

A partir de seu estado intangível, cósmico, esses sistemas de forças metálicas, por um lado, impregnam e influenciam todos os campos de manifestação da vida em nosso planeta; por outro lado, acoplam-se e somam-se à irradiação que parte dos próprios metais condensados no corpo material terrestre. Assim, toda a vida da Terra e todos os reinos da natureza, o mineral, o vegetal, o animal e o humano, encontram-se imersos nesse duplo e potente campo de forças: as correntes de forças metálicas cósmicas e as correntes de forças metálicas telúricas.

No ser humano essa dinâmica se mostra nos corpos que compõem a personalidade: determina disposições e tendências emocionais e mentais, bem como plasma o sistema orgânico, impulsionando e regulando processos vitais. Os impulsos dos metais, portanto, com seu poder estruturador, podem colaborar na reordenação do campo energético do ser humano, desde o nível físico, o celular e o orgânico-vital, até o emocional e o mental.

# A formação da vida orgânica

Nos sete metais principais — *Argentum, Cuprum, Mercurius, Aurum, Ferrum, Stannum e Plumbum* — estão condensados impulsos de alguns astros do sistema solar, como vimos. Além disso, o sistema de forças cósmicas que dá vida ao metal e o caracteriza tem similaridade energética com órgãos, funções e processos vitais, e age também diretamente sobre eles.

Neste capítulo serão descritos, de forma sumária, os setores do organismo mais especificamente subordinados a essas forças metálicas, representantes dos impulsos cósmicos estruturadores e organizadores[4].

---

[4] Neste livro foi adotada a ordem cósmica derivada do sistema proposto por Tycho Brahe: Lua, Vênus, Mercúrio, Sol, Marte, Júpiter e Saturno.

## *Impulso Argentum / Lua*

◊ Promove a renovação da vida.

◊ Rege o anabolismo, o crescimento, a nutrição, a regeneração e a reprodução celulares.

◊ Sua influência concentra-se nas áreas de maior capacidade de regeneração, nas mucosas e na pele.

◊ Atua ainda sobre os órgãos digestivos e os de eliminação, e influencia também a circulação sangüínea.

◊ Seus centros principais, polares, integradores e regentes das forças, são os órgãos genitais e o cérebro.

## *Impulso Cuprum / Vênus*

◊ Promove e sustenta a vida metabólica.

◊ Concentra sua atuação nos sistemas orgânicos que regem o metabolismo: estimula várias etapas do anabolismo.

◊ Estimula ainda o sistema digestivo e o fígado, o sistema circulatório venoso, a glândula tireóide e as paratireóides.

◊ Seus centros principais, integradores e regentes das forças, são os rins, as glândulas supra-renais e o sistema nervoso autônomo.

## *Impulso Mercurius / Mercúrio*

◊ Promove os movimentos vitais do organismo.

◊ Predomina nas regiões em que ocorrem processos químicos mais intensos, e naquelas em que existe também alternância mais dinâmica entre assimilação e secreção.

◊ Impulsiona a circulação dos líquidos orgânicos e os processos químicos que neles ocorrem, bem como a dinâmica respiratória.

◊ Concentra sua atuação sobre o sistema linfático e o glandular, mucosas, sistema digestivo e fígado, sistema urogenital, sistema muscular, sistema nervoso e pele.

◊ Seus centros principais, integradores e regentes das forças, são os pulmões.

## *Impulso Aurum / Sol*

◊ Promove a circulação vital.

◊ Atua dinamicamente sobre a formação, circulação e função do sangue.

◊ A partir da circulação sangüínea, integra e rege todos os outros processos vitais do organismo.

◊ Seu centro principal, integrador e regente das forças, é o coração.

## *Impulso Ferrum / Marte*

◊ Promove a respiração vital.

◊ Concentra sua atuação nos sistemas circulatório arterial e no respiratório; participa diretamente da formação dos pulmões e das enzimas respiratórias.

◊ Influencia o sistema digestivo, em especial a vesícula biliar.

◊ Estimula o sistema muscular, o sistema nervoso e a pele.

◊ Seu centro principal, integrador e regente das forças, é a vesícula biliar.

## *Impulso Stannum / Júpiter*

◊ Promove os processos de contenção e conservação da vida.

◊ Plasma a forma humana a partir do elemento semilíquido, predominante na fase embrionária do organismo.

◊ Influencia diretamente a formação e a dinâmica das articulações.

◊ Seus centros principais, integradores e regentes das forças, são o cérebro, o sistema nervoso e o fígado.

## *Impulso Plumbum / Saturno*

◊ Promove processos de contenção da vitalidade.

◊ Estimula a mineralização do organismo, a maturação e o catabolismo; influencia diretamente processos de esclerose.

◊ Concentra sua atuação na formação do esqueleto.

◊ Seus centros principais, integradores e regentes das forças, são o sistema nervoso, os órgãos dos sentidos e o baço.

# Tendências e predisposições da personalidade

Além de regular os processos vitais do organismo humano, os impulsos cósmico-metálicos determinam disposições e tendências da personalidade, que podem ser reconhecidas tanto na área do pensamento, quanto na do sentimento e na da ação.

Quando a relação do ser humano com esses impulsos cósmicos transcorre em equilíbrio, tais disposições e tendências o denotam. Descreveremos, a seguir, algumas delas, de forma genérica.

## *Impulso Argentum / Lua*

Na esfera do pensamento

❖ favorece a interação com a natureza e com os elementos naturais, estimula a imaginação criativa e a memória.

Na esfera do sentimento

❖ favorece a disposição natural de prestar ajuda, de dar assistência, o correto instinto maternal e o correto sentido de vida familiar.

Na esfera da ação

❖ favorece o ato de cuidar, de tratar, de atender e de dar assistência, possibilita atitudes baseadas em instintos sadios.

## *Impulso Cuprum / Vênus*

Na esfera do pensamento

❖ favorece o pensamento caloroso, permeado pelo sentimento, a capacidade de concepção e de representação mental, a criatividade, a empatia mental.

Na esfera do sentimento

❖ acende o calor anímico, o sentido da alegria e da beleza, a devoção, o respeito e a veneração.

Na esfera da ação

❖ liga o sentimento à vontade, favorece a generosidade, o auto-sacrifício, a dedicação, a entrega, a ação altruísta, a delicadeza e a discrição.

## *Impulso Mercurius / Mercúrio*

Na esfera do pensamento

❖ favorece a inteligência, a agilidade mental, a capacidade de compreensão associativa, de combinação de elementos, de chegar a novas descobertas, o interesse pelo saber, a curiosidade bem enfocada, a atenção, a expansividade, o humor sadio, a receptividade para novos impulsos.

Na esfera do sentimento

❖ favorece o sentimento extrovertido, a franqueza, a adaptabilidade, a cordialidade, a amabilidade, a capacidade de receber impressões e de se transformar.

Na esfera da ação

* favorece a atividade espontânea, inteligente e abnegada, a vivacidade, a maleabilidade, a mobilidade.

## *Impulso Aurum / Sol*

Na esfera do pensamento

* facilita o saber pelo coração, o sentido da verdade, a clareza mental, o idealismo, a atitude positiva, o entusiasmo vital, o equilíbrio, o autoconhecimento.

Na esfera do sentimento

* favorece a disposição anímica calorosa, a capacidade de harmonizar opostos, a alegria vital, a coragem, a confiança, a esperança, a franqueza, a grandeza de alma.

Na esfera da ação

* impulsiona ação positiva, moderada, ordenada, criativa, decidida e generosa.

## *Impulso Ferrum / Marte*

Na esfera do pensamento

✧ possibilita o pensamento prático, sóbrio, realista, objetivo, incisivo e decidido, a sagacidade, a precisão, o pioneirismo, a capacidade de renovação construtiva.

Na esfera do sentimento

✧ favorece o sentimento ardente, compassivo, impetuoso e espontâneo, a autodignidade, a coragem, a disposição de lutar.

Na esfera da ação

✧ impulsiona a vontade inabalável, a ação dinâmica, a reação reflexa ágil e decidida, a força de decisão, a iniciativa plena, a condução objetiva da energia, o autodomínio.

## *Impulso Stannum / Júpiter*

Na esfera do pensamento

✧ possibilita o desenvolvimento do mecanismo racional, a

absorção do conhecimento, a compreensão ampla, o juízo equilibrado, a perspicácia, a visão abrangente, a agudeza mental, a receptividade, a prudência.

Na esfera do sentimento

❖ favorece a serenidade, a benevolência, a reserva, o sentido da alegria e da solenidade, a generosidade, a dignidade e a decência.

Na esfera da ação

❖ favorece a ação cautelosa, a honestidade, a organização, a maestria, a instrução, a soberania.

## *Impulso Plumbum / Saturno*

Na esfera do pensamento

❖ favorece o pensamento abstrato, sistemático, sólido e profundo; a conceituação precisa, a formação de princípios éticos, psíquicos e morais e a fidelidade a eles; o discernimento, a neutralidade, a impessoalidade e a autocrítica; a memória.

Na esfera do sentimento

- ❖ favorece o sentimento interiorizado, a ponderação e reserva, a auto-suficiência, a paciência, a seriedade ante a vida e si próprio e a compaixão.

Na esfera da ação

- ❖ favorece a capacidade de suportar, de resistir; a persistência, a precisão e a profundidade; a responsabilidade, o entusiasmo vital, a fidelidade.

# Os sete remédios solares

Por meio das flores é possível trazer as forças estruturantes dos sete metais à esfera orgânica e à esfera psíquica do ser humano. Essas duas expressões de vida — a dos metais e a das flores — podem ser efetivamente unidas e essa união dinamizada pela luz e pela irradiação solares. É um processo alquímico superior, de que participam também outras energias cósmicas.

O espírito de harmonia e mediação das flores, o poder magnético e estruturador dos metais e a capacidade de unificação da luz solar formam o conjunto energético que deu origem aos sete remédios solares sutis que denominamos *hidratos florais metálicos solares*, ou simplesmente *hidratos solares*.

Esses preparados tornam o ser humano receptivo para acolher de forma mais livre as vibrações curativas e regeneradoras da própria alma.

Para a elaboração dos hidratos solares utilizamos metais e flores que se correspondem energeticamente, e essas relações foram reconhecidas por vias intuitivas, como dissemos. Também a correspondência dos astros e metais com os dias da semana foi rigorosamente observada no preparo dos hidratos solares. Assim,

- o hidrato solar com ouro foi preparado num domingo, dia regido pelo Sol;

- o hidrato solar com prata foi preparado numa segunda-feira, dia regido pela Lua;

- o hidrato solar com ferro foi preparado numa terça-feira, dia regido por Marte;

- o hidrato solar com mercúrio foi preparado numa quarta-feira, dia regido por Mercúrio;

- o hidrato solar com estanho foi preparado numa quinta-feira, dia regido por Júpiter;

- o hidrato solar com cobre foi preparado numa sexta-feira, dia regido por Vênus;

- o hidrato solar com chumbo foi preparado num sábado, dia regido por Saturno.

As flores foram mergulhadas em água pura, em um frasco de vidro transparente, dentro do qual se encontrava o metal específico. O número de flores variou de acordo com a espécie, e buscou-se cobrir a superfície da água de forma não muito compacta para permitir a passagem da luz solar. Os conjuntos foram expostos ao sol, um a um, do amanhecer ao entardecer.

Na experiência pudemos observar que ao final de cada exposição as flores ficam bem mais vitalizadas e radiantes do que ao serem colhidas. O metal no frasco, como uma antena, sintoniza e capta a qualidade energética da corrente cósmica que lhe é afim e a irradia para a flor. Esta, por sua vez, dentro desse poderoso campo magnético, processa e ajusta o que recebe, para depois transmiti-lo novamente à água. O hidrato solar é elaborado não só com o líquido, mas também com as flores e uma diminuta quantidade do pó do metal.

Cada um dos sete metais utilizados interage com determinado feixe de energias da totalidade da energia solar e cósmica. Atua como ímã, atraindo para si o feixe que lhe corresponde. Quando a energia específica permeia as flores e penetra o líquido, todos os elementos ali presentes passam por um processo alquímico oculto.

Nos hidratos solares está gravada a essência dos sete impulsos cósmicos que determinam a manifestação físico-psíquica do ser humano. Nesses hidratos se encontram vias de regeneração da saúde emocional e mental do ser, saúde que, perdida, pode resultar em desarmonias físicas. Eles atendem às necessidades de ajustes dos sete temperamentos humanos fundamentais.

O conhecimento das relações entre forças metálicas e o ser humano é muito valioso em uma terapia profunda, verdadeira e abrangente.[5]

Os hidratos solares representam, de certa forma, uma síntese e uma atualização do emprego desses valiosos recursos terapêuticos. Ao imprimirem no ser humano seu padrão energético específico, colaboram dinamicamente na harmonização e na cura que a alma procura realizar.

Os sete hidratos solares descritos neste livro são:

- *Argentum/Kalanchoe*
- *Cuprum/Hedychium*
- *Mercurius/Billbergia*
- *Aurum/Tabebuia*
- *Ferrum/Pyrostegia*
- *Stannum/Agave*
- *Plumbum/Schizolobium*

---

[5] Outros usos dos sete metais foram descritos no RECEITUÁRIO DE MEDICAMENTOS SUTIS, do mesmo autor. Editora Cultrix/Pensamento.

# Forma de preparo e de uso

Tomar um frasco de vidro transparente, de boca larga, e enchê-lo de 1 litro ou mais de água pura. No fundo e ao centro colocar a peça de metal específica.

O metal deve ser o mais natural e puro possível e possuir formas e padrões harmoniosos.

Identificar e selecionar as flores correspondentes. Dispô-las dentro do frasco, e dependurá-lo no tronco ou em um galho ou haste da planta da qual foram colhidas.

Se as flores são de uma erva ou arbusto cujo caule não suporte o peso do frasco, é aconselhável colocá-lo próximo dela, porém sobre uma base natural (pedra, madeira, etc.) para isolá-lo um pouco do campo de influências telúricas.

Deixar o frasco exposto à luz solar do amanhecer ao entardecer. Recomenda-se iniciar a exposição algum tempo antes de o Sol nascer e finalizá-la pouco depois do pôr-do-sol. Após esse período, recolher o frasco e filtrar a água.

Colocar as flores, o metal e a água em novo frasco de vidro limpo e deixar todo o conjunto repousar em um ambiente sereno e neutro, livre de vibrações densas, até a madrugada do dia seguinte.

Na madrugada, colocar as flores em um almofariz, espalhar sobre elas um pouco de pó bem fino do metal (aproximadamente 100 mg para 1 litro de água) e acrescentar pequena porção da água em que as flores e o metal estiveram mergulhados, o suficiente para que se forme uma pasta semilíquida. Triturar todo o conjunto durante 20 minutos.

Colocar então essa pasta e o restante da água em um frasco de vidro de capacidade adequada — o volume total não deve ultrapassar 2/3 do frasco — e dinamizar tudo durante 2 1/2 minutos. Para a dinamização, agitar o frasco rítmica e ininterruptamente.

Passar o líquido resultante por um filtro de papel e acrescentar 20% de álcool absoluto, de boa qualidade, para sua conservação. Chega-se, assim, ao *hidrato solar mãe*.

O hidrato solar mãe deve ser novamente dinamizado até D2 para tornar-se o que chamamos de *hidrato solar base*.

Para preparar o hidrato solar base, o hidrato solar mãe é dinamizado duas vezes. Realiza-se a primeira dinamização tomando-se 1 parte do hidrato solar mãe, diluindo-o em 9 partes de uma solução hidroalcoólica a 20%[6] e dinamizando-o

---

[6] Solução de 20% de álcool absoluto em 80% de água destilada.

durante 2 1/2 minutos. Assim, tem-se o hidrato solar mãe em D1.

Tomar então 1 parte do hidrato solar mãe em D1, diluí-lo novamente em 9 partes da mesma solução hidroalcoólica a 20% e dinamizá-lo por mais 2 1/2 minutos. Chega-se assim ao hidrato solar mãe em D2, que corresponde ao hidrato solar base para distribuição a médicos e terapeutas.

Envasar o hidrato solar base em frascos de cor âmbar, de 10 ml. A partir dele são preparados os frascos para uso individual (*hidrato solar final*), da seguinte forma:

- ❖ Colocar 3 gotas do hidrato solar base em um frasco com apenas 10 ml de água pura, caso se pretenda usá-lo de imediato. Para conservação por um período maior que 3 semanas, em vez da água pura devem-se usar 10 ml de uma solução hidroalcoólica a 20%.

- ❖ Agitar ritmicamente o líquido durante 2 1/2 minutos. Com essa dinamização se obtém o *hidrato solar final.*

Utilizam-se 3 gotas do hidrato solar final, 1 ou 2 vezes ao dia, via oral, de preferência fora das refeições principais.

A distribuição desses medicamentos — tanto do hidrato solar base quanto do hidrato solar final — deve ser gratuita e livre de interesses pecuniários, para conservar seu alto padrão de qualidade energética.

# Indicações de uso dos hidratos solares

A partir da avaliação das condições atuais dos processos vitais de um indivíduo e das disposições da sua personalidade, podem-se depreender as indicações de uso dos hidratos solares.

Depois da observação atenta e cuidadosa das alterações dos processos vitais e dos desequilíbrios das tendências psíquicas, vêem-se que características puras dos impulsos cósmico-metálicos precisam ser reavivadas no ser.

Com base nessa avaliação inicial prescreve-se um ou mais hidratos solares. Para que esses medicamentos atuem de modo pleno e profundo, recomenda-se, porém, não usá-los simultaneamente, mas em alternância rítmica. A prática diária corroborou alguns ritmos, como, por exemplo, um hidrato solar pela manhã (às 6h e/ou às 9h) e outro no final do dia (às 18h e/ou às 21h); um hidrato solar pela manhã (às 6h e/ou às 9h), outro à tarde (às 12h e/ou às 15h) e outro no final do dia (às 18h e/ou às 21h); um hidrato solar pela manhã (às 6h) e no final do dia (às 18h), e outro no intervalo (às 9h, às 12h e às 15h). Esses ritmos permanecem por algum tempo, até que se perceba certo resultado. A seguir, podem-se eleger outros hidratos solares.

O acompanhamento atento das necessidades do paciente e da evolução das transformações que nele vão ocorrendo é que deve nortear a escolha.

Há que se levar também em conta que os impulsos cósmicometálicos constituem pólos. Desse ponto de vista, reconhecem-se as seguintes relações:

*Argentum* ⇔ *Plumbum*

*Mercurius* ⇔ *Stannum*

*Cuprum* ⇔ *Ferrum*

O *Aurum*, por realizar em si a síntese de todos os pólos, é considerado neutro.

Assim, os hidratos solares podem ser usados conforme suas correspondências polares:

*Argentum/Kalanchoe* ⇔ *Plumbum/Schizolobium*

*Mercurius/Billbergia* ⇔ *Stannum/Agave*

*Cuprum/Hedychium* ⇔ *Ferrum/Pyrostegia*

O *Aurum/Tabebuia* pode ser usado isolado ou, então, no princípio, no meio ou no fim de um ciclo de tratamento.

Outro fator importante é a influência dos ritmos da natureza na ação dos hidratos solares:

- ❖ Os hidratos que atuam preponderantemente na esfera inconsciente do ser — tais como *Argentum/Kalanchoe*, *Cuprum/Hedychium* e *Mercurius/Billbergia* — intensificam seus impulsos ao entardecer e ao anoitecer.

- ❖ Os hidratos que atuam predominantemente na esfera consciente — tais como *Ferrum/Pyrostegia*, *Stannum/Agave* e *Plumbum/Schizolobium* — intensificam seus impulsos ao amanhecer e durante a manhã.

- ❖ O hidrato solar *Aurum/Tabebuia* atua ao longo de todo o dia, pois unifica e integra os impulsos dos demais.

Como esses medicamentos correspondem a arquétipos básicos da organização energética do ser humano, sua combinação equilibrada, a freqüência e os horários em que são tomados, o número de gotas, enfim, tudo deve ser observado de forma precisa. Deve-se respeitar, porém, a necessidade geral de cada ser. Alguns podem demandar, por exemplo, o uso contínuo de um único e determinado hidrato, por precisar estar de forma concentrada sob a ação do padrão energético específico a ser restaurado em seu ser.

Também, no que se refere à combinação dos medicamentos a serem tomados em dado tratamento, a prática demonstra a importância de seguir a necessidade de cada pessoa. Para algumas será bom usar uma das duplas de medicamentos polares, para outras os medicamentos são associados de modo a se apoiarem ou a se complementarem, não propriamente como opostos. Ao médico ou terapeuta cabe a tarefa de discernir o que é o mais indicado em dado momento para a pessoa.

Na descrição específica de cada hidrato solar, que se segue, são feitas indicações relacionadas à esfera anímico-psíquica do ser, que podem complementar os referenciais já apresentados.

# Visão aprofundada dos sete hidratos solares

## 1. *Argentum / Kalanchoe*

## Composição

Metal: *Argentum metallicum* (prata pura), ou algum mineral natural de prata, como a argentita.
Planta: *Kalanchoe pinnata*[7], da família *Crassulaceae*.
Nomes populares: kalanchoe, folha-da-fortuna, saião.

---

[7] Sinônimo botânico: *Bryophyllum pinnatum*.

## *Kalanchoe,* **prata vegetal**

O kalanchoe é uma das belas expressões do reino vegetal. Revela-nos uma lei superior que rege o mundo dos seres vivos: a de que o todo se expressa nas partes do organismo. A idéia arquetípica de uma planta, o impulso imaterial que lhe dá origem no mundo concreto e que corresponde à sua forma de existência fora do tempo e do espaço, está presente e atuante em cada estrutura, célula e partícula do seu corpo material. No kalanchoe isso se evidencia. Quando entra em certa fase do seu ciclo vegetativo, brotam das bordas de suas folhas maduras uma profusão de diminutas plantas que, ao caírem no solo, expandem suas radículas e vão-se tornando adultas.

Normalmente as plantas superiores concentram suas forças

vitais reprodutivas na formação das flores e das sementes. No kalanchoe, porém, essas forças estão presentes em toda a planta, em especial nas folhas. Isto não impede, todavia, que no momento certo um pendão se eleve do solo e se sobreponha com delicados cachos de flores tubulares, de tons leves, amarelo-avermelhados.

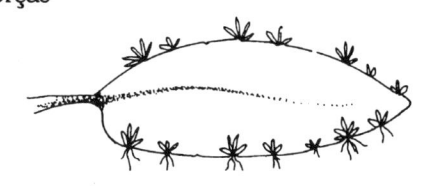

A disposição das forças sutis do kalanchoe dá-lhe também certas qualidades curativas especiais. Sempre que a consciência do ser humano se encontre inundada por forças e influências instintivas que partem da região infradiafragmática e não consiga dominá-las, o extrato puro dessa planta ajuda a dissolvê-las. O hidrato solar *Argentum/Kalanchoe* amplia essa capacidade, pois associa às qualidades harmonizadoras do kalanchoe o poder estruturante do impulso *Argentum*.

# Indicações

Distúrbios na esfera do pensamento
* receptividade excessiva, patológica, aos elementos e vibrações naturais, a influências densas do psiquismo coletivo

- tendência exacerbada à fantasia, à alienação, à fuga, à divagação
- relação mórbida para com o passado, pelo mau uso da memória; fraqueza ou perda de memória

Distúrbios na esfera do sentimento
- cuidado em demasia ou carência de cuidado para com as necessidades que se apresentam; deficiência no reconhecimento das necessidades dos outros
- vínculos familiares possessivos e distorcidos, que bloqueiam o desenvolvimento do ser

Distúrbios na esfera da ação
- tendência excessiva para o bem-estar físico, o conforto, a comodidade e a acomodação; lassidão
- negligência, desleixo e descuido nas atividades do dia-a-dia
- envolvimento demasiado com circunstâncias e fatos cotidianos
- instintos exacerbados, distorcidos ou ausentes

Distúrbios psíquicos relacionados a degenerações do útero
- predisposição visionária; sonambulismo; excitações neuróticas

- psicose relacionada com a gravidez e o climatério
- euforia, fantasia exagerada e histeria

---

## Quadro sinótico

O poder vitalizador e nutridor do hidrato solar *Argentum/Kalanchoe* corrige excessos e carências do impulso *Argentum/Lua* no ser humano[8].

Colabora na reorganização das forças instintivas, na dissolução de quadros de dispersão, divagação, euforia, fantasia exagerada e histeria.

O poder regenerador do hidrato solar *Argentum/Kalanchoe* contrapõe-se aos processos de desgaste, esclerose e degeneração celular intensos, tais como estresse físico, emocional e psíquico; arteriosclerose cerebral, cansaço intenso e crônico, queda da vitalidade e da capacidade de concentração.

---

[8] Vide impulso *Argentum/Lua*, nas págs. 24 e 30.

# 2. *Cuprum* / *Hedychium*

## Composição

Metal: *Cuprum metallicum* (cobre puro), ou algum mineral natural de cobre, como a cuprita, a malaquita e a azurita.

Planta: *Hedychium coronarium* Koehne, da família *Zingiberaceae*.

Nomes populares: jasmim-borboleta, lírio-do-brejo.

## *Hedychium*, cobre vegetal

O jasmim-borboleta, também conhecido como lírio-do-brejo, é planta herbácea, singela e graciosa, que vegeta, de forma espontânea, de preferência em solos úmidos ou encharcados (margens de lagos, de brejos, alagados, etc.), e a pleno sol. Nessas condições apresenta crescimento vertical rápido e vigoroso e expressa muita harmonia, simplicidade, ritmo e despojamento. Ao final de seu ciclo vegetativo, emerge de suas entranhas uma bela e irradiante inflorescência terminal, com grandes e numerosas flores alvas, que se formam durante quase todo o ano. O aroma doce, suave, e ao mesmo tempo penetrante que delas exala alcança grande distância, anunciando assim, de longe, sua presença. É planta tipicamente tropical e se encontra hoje naturalizada em todas as Américas. Não tolera clima frio nem resiste a geadas. Pode atingir o porte de 1,5 a 2 metros de altura. Em terrenos secos perde totalmente a folhagem e volta a brotar no início das chuvas.

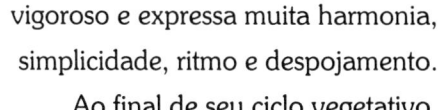

Essas e outras características do jasmim-borboleta dão mostras da sua natureza feminina, acolhedora, suave, calorosa, repleta de harmonia, simplicidade e beleza. Essas qualidades, também presentes no aspecto feminino da natureza humana, podem despertar o sentimento correto, que aquece tanto o coração quanto a mente; podem também favorecer o sentido de respeito, veneração e devoção para com a vida; o sentido oculto e sagrado das coisas e dos fatos; o ardor que eleva o ser quando se vê diante dos grandes mistérios da existência.

# Indicações

Distúrbios na esfera do pensamento

- pensamento emotivo; ilusões; oscilações extremas entre simpatia e antipatia; apatia
- obnubilação e embotamento mentais

Distúrbios na esfera do sentimento

- pobreza de sentimentos; ausência de alegria, medo vital
- arroubos sentimentais; superficialidade de emoções; afetações; ânsia de viver
- paixões; entusiasmos, exaltações, fanatismos
- indiferença; frieza anímica
- zelo excessivo; negligência, descuido, desleixo; grosseria; indiscrição

Distúrbios na esfera da ação

- emotividade, condescendência no agir; esbanjamento, dispersão
- indolência, preguiça, inércia; gula
- bloqueios

Distúrbios psíquicos relacionados a disfunções e degenerações dos rins

- ❖ emotividade excessiva, excitação psíquica, estados compulsivos; tensões psíquicas, ansiedade, estados fóbicos; abarca ainda certas manifestações esquizofrênicas: estupor e alucinações, entre outras.

---

## Quadro sinótico

A energia acolhedora e acalentadora do hidrato solar *Cuprum/Hedychium* corrige excessos e carências do impulso *Cuprum/Vênus* no ser humano.[9]

Seu poder curativo dissolve também o peso da matéria que leva à melancolia, ao medo infundado, à indiferença mórbida, ao entorpecimento, à frieza do sentimento, à lassidão, à indolência e ao tédio.

Equilibra a emotividade descontrolada, ansiedade, excitação e tensão psíquicas, estados compulsivos e fóbicos e certas manifestações esquizofrênicas, como estupor, alucinações e delírios.

---

[9] Vide impulso *Cuprum/Vênus*, nas págs. 24 e 30.

# 3. *Mercurius / Billbergia*

## Composição

Metal: *Mercurius metallicus* (mercúrio puro), ou algum mineral natural de mercúrio, como o cinábrio.
Planta: *Billbergia euphemiae*, da família *Bromeliaceae*.
Nomes populares: bilbérgia, bromélia.

## *Billbergia*, mercúrio vegetal

A bilbérgia é uma espécie de bromélia epífita, perene, de crescimento vigoroso em seu hábitat: as florestas pluviais do extremo sul do país. Apresenta folhas rijas, tubulares, dispostas em rosetas, de tonalidade acinzentada, com estrias transversais discretas da mesma cor. Suas inflorescências vistosas destacam-se pelas brácteas róseas que envolvem parcialmente delicadas flores de tons azuis suaves.

Como planta epífita, a bilbérgia não parasita a árvore que a hospeda; usa-a apenas como suporte para elevar-se acima do solo, no seu anseio de emancipar-se, de liberar-se da esfera de influência das forças terrestres. Nessa condição especial, em estado suspenso, vive fundamentalmente da água copiosa que cai das chuvas sazonais e que se acumula no interior do espaço formado pelas bases de suas folhas, e também de certos elementos imponderáveis que ainda não tocaram por completo a terra, como o ar, a luz, o calor, a umidade e o orvalho do céu.

O orvalho é uma das expressões mais belas e puras das forças estruturantes invisíveis do impulso *Mercurius* ao interagir com elementos naturais terrestres. A condensação de gotículas a partir da umidade do ar segue a mesma tendência que molda as gotículas típicas do metal mercúrio. Onde na natureza se observa a formação de gotas, estão atuantes as forças de estruturação do impulso *Mercurius*. Ao pairar suspensa entre o céu e a terra, a bilbérgia, leve e delicada, pode aproximar-se da esfera de ação das forças cósmicas ligadas ao impulso *Mercurius*, com as quais está em grande sintonia e pelas quais se deixa permear de forma especial.

# Indicações

Distúrbios na esfera do pensamento

- curiosidade mórbida, tendência para o sensacionalismo, indiscrição, mania de espreitar
- intelectualismo supérfluo; pensamentos e idéias ilusórias
- tendência para a intriga, a calúnia e a difamação
- ironia; escárnio; tagarelice patológica
- desinteresse pelo conhecimento; embotamento mental; desatenção
- distúrbios de inteligência e de compreensão; lentidão e preguiça mentais
- carência do humor sadio e do sentido correto da amabilidade

Distúrbios na esfera do sentimento

- caráter e ânimo sugestionáveis; inconstância e instabilidade
- hipocrisia, caráter lisonjeiro, adulador; servilismo; acomodação; caprichos e melindres
- indiferença, desinteresse, apatia e desconfiança
- inadaptabilidade; lamentação mórbida; imobilidade, impassibilidade

Distúrbios na esfera da ação
- caráter inquieto, desassossegado; hiperatividade, precipitação
- vícios (jogos, roubo, fraude, ganância, etc.); egoísmo
- lentidão, preguiça e inércia
- pouca capacidade para perceber as necessidades ao redor; caráter desajeitado

Distúrbios psíquicos relacionados a degenerações dos pulmões
- alucinações, euforia, histeria; neurose compulsiva; imagens e representações mentais compulsivas; ação compulsiva.

---

## Quadro sinótico

O poder mobilizador e transformador do hidrato solar *Mercurius/Billbergia* corrige excessos e carências do impulso *Mercurius/Mercúrio* no ser humano.[10]

*Continua* ⇨

---

[10] Vide impulso *Mercurius/Mercúrio*, nas págs. 25 e 31.

> **Quadro sinótico** (continuação)
>
> A mobilização de forças pelo impulso *Mercurius* favorece a receptividade a novos impulsos e novas impressões, a capacidade de se transformar; corrige assim distúrbios de inteligência e de compreensão, o embotamento, a lentidão e a preguiça mentais, a inadaptabilidade, a imobilidade, a inflexibilidade e a inércia.
>
> Equilibra quadros compulsivos, bem como quadros de euforia, histeria e alucinações.

# 4. *Aurum / Tabebuia*

## Composição

Metal: *Aurum metallicum* (ouro puro).
Planta: *Tabebuia vellosoi* Tol., da família *Bignoniaceae*.
Nomes populares: ipê, ipê-amarelo, ipê-do-cerrado.

## *Tabebuia,* ouro vegetal

O ipê-amarelo, que entra na composição do hidrato solar *Aurum/Tabebuia*, é uma árvore imponente, de porte esguio, elegante e belo; pode atingir de 15 a 25 metros de altura. Seu nome, *Tabebuia*, deriva do tupi-guarani e significa "que bóia", "que flutua". Nativa da região Sudeste e Centro-Oeste do país, despe-se de toda a sua folhagem no inverno, para então florescer magnificamente nos meses de agosto e setembro. No decorrer de poucos dias cobre-se de um irradiante manto de flores amarelo-douradas e produz forte impacto em quem dele se aproxime.

A essência do ipê guarda íntima relação com o poder radiante e curativo do elemento ouro, uma das expressões mais sublimes do reino mineral. Ocultas nas camadas mais interiores do planeta há imensas jazidas desse metal que acolhem e processam dinamicamente a energia solar, expansiva e vivificadora, e a irradiam a seguir para todas as formas de vida que evoluem na Terra. Emitem, sem cessar, *ondas de cura* que atuam em todo o planeta na transmutação de energias negativas advindas das atividades psíquicas do ser humano.

A aura das grandes árvores, como se sabe, atenua misteriosamente as oscilações erráticas da aura humana e favorece uma atmosfera de estabilidade que pode facilitar o alinhamento interno.

Em uma experiência interna, minha consciência foi colocada certa vez na presença de um majestoso ipê que começava a florir[11]. Uma aura imensa, dourada e sutil, envolvia-o e expandia-se em ondas. A imagem ampliava-se, quando surgiu outro potente núcleo dourado, que parecia vir de dentro da terra. Desse núcleo também emanava uma aura luminosa, que se unia com a do ipê. Aquela expansão prosseguia, abarcando as montanhas da região em torno, banhando e permeando tudo com sua luz. A impressão era a de que essa grande aura dourada estava imersa noutra, infinitamente maior, cujo centro de irradiação partia do próprio Sol.

Na elaboração do hidrato solar *Aurum/Tabebuia* colocamos a pepita de ouro no recipiente com água, acrescentamos algumas flores de ipê e penduramos o conjunto na árvore mãe, pouco antes do amanhecer. Ao entardecer, quando voltamos para recolher o material, constatamos que as flores apresentavam vibrante vitalidade, uma textura firme que antes não possuíam e, ainda, irradiavam sua cor amarelo-dourada de modo

---

[11] Vide O ETERNO PLANTIO, capítulo *Ipê-amarelo, ouro vegetal*, pág. 131 e ss., do mesmo autor, Editora Cultrix-Pensamento.

muito mais intenso. Essa experiência, inesperada e significativa, confirmou-nos a impressão de que as flores deveriam ser trituradas e juntadas novamente à água, e essa mistura dinamizada para obtenção do hidrato solar mãe.

O ser humano tem uma relação profunda e misteriosa com a essência do ouro. Seu coração resulta da energia áurica que vive na luz que emana do Sol. Do coração irradiam-se continuamente correntes etéricas de vida e de luz para a cabeça, e isso é o que permite ao cérebro desenvolver conhecimento superior, inteligência e intuição. Sem essa forma de contato sutil, ele só teria possibilidade de pensar no que dissesse respeito às necessidades físicas mais imediatas. O ouro estimula essas correntes invisíveis e conduz o pensamento e o sentimento para as esferas de influência da consciência solar.

## Indicações

Distúrbios na esfera do pensamento

- ❖ tendência para ilusões, obcecação, deslumbramentos mórbidos, "cegueira psíquica"
- ❖ fraqueza mental; dificuldades e bloqueios para a reflexão
- ❖ ausência de juízo correto; negativismo

- idealismo cego, distorcido e fanático; ausência de idealismo
- tristeza, melancolia; indiferença; desânimo; desalento

Distúrbios na esfera do sentimento
- autoconfiança cega, impulsiva; deslumbramento consigo próprio; confiança cega no outro; carência ou ausência de autoconfiança
- credulidade e temor excessivos; desconfiança

Distúrbios na esfera da ação
- hiperatividade; dispersão de forças e energias; falta de impulso para a ação; ação arrastada, sem vida, sem alegria
- autopreservação; atos arbitrários, desmedidos, impulsivos; ação cega
- esbanjamento; ambição; cobiça

Distúrbios psíquicos relacionados a degenerações do coração
- ondas de emoções que invadem a esfera da consciência; tendências unilaterais que se expressam em irritabilidade, excitabilidade, compulsão, mania e euforia que podem chegar à ira e ao delírio
- a carência do impulso *Aurum* leva a quadros de medo, tédio, tristeza profunda, melancolia e depressão de origem cardíaca

## Quadro sinótico

O poder harmonizador e unificador do hidrato solar *Aurum/Tabebuia* corrige excessos e carências do impulso *Aurum/Sol* no ser humano.[12]

Desperta e facilita a harmonia nas esferas do pensamento, do sentimento e da ação, aquietando ondas negativas que invadem a consciência; equilibra tendências unilaterais que se expressam em irritabilidade, excitabilidade, compulsão, mania e euforia, que podem chegar à ira e ao delírio.

Regula o entusiasmo vital excessivo; dissolve a excitação e a ansiedade; acalma os humores em ebulição; apazigua o impulso para a ação febril.

# 5. *Ferrum / Pyrostegia*

## Composição

Metal: *Ferrum metallicum* (ferro puro) ou algum mineral natural de ferro, como a hematita e a pirita.

---

[12] Vide impulso *Aurum/Sol*, nas págs. 26 e 32.

Planta: *Pyrostegia venusta* Miers, da família *Bignoniaceae*.
Nomes populares: cipó-de-fogo e cipó-de-são-joão.

## *Pyrostegia,* ferro vegetal

O cipó-de-fogo, nativo em quase todo o país, é trepadeira vigorosa, que habita de preferência campos e espaços abertos e floresce nos dias frios e curtos de inverno. Sua grande força vital o faz perfurar poderosamente o solo, percorrer longas distâncias, transpor barreiras e obstáculos e expandir-se no sentido horizontal.

Como cipó, rompe também fronteiras no sentido vertical, penetrando os éteres.

O impulso que o faz avançar e vencer resistências atua invisivelmente em sua substância material, imprimindo nela padrões vibratórios dinâmicos, que a elevam e sutilizam. Esse movimento de ascensão chega ao auge no inverno, quando suas inflorescências explodem em tons flamejantes, laranja-avermelhados, que irradiam luz, vida e calor. Abundantes e expansivas, suas flores são como línguas de fogo ardente, reflexos materiais de suas qualidades ígneas. Ao longo de campos e serras, margeando bosques e matas, surgem como que incendiando a natureza. Suas cores vivas e penetrantes espelham o poderoso padrão vibratório de sua substância, o alto grau de sutilização de sua essência.

Esse fogo ardente mobiliza a matéria inerte do ser humano e a prepara para receber impulsos mais sutis. É capaz, ainda, de romper obstáculos à ação da energia de cura, pois abre caminhos por entre estruturas cristalizadas e dissolve vórtices geradores de conflitos.[13] Tais características externas revelam a presença das qualidades marcianas do impulso *Ferrum* nesse vigoroso cipó.

---

[13] Vide O ETERNO PLANTIO, capítulo *Cipó-de-fogo, uma chama ardente*, pág. 127 e ss., do mesmo autor, Editora Cultrix-Pensamento.

# Indicações

Distúrbios na esfera do pensamento
❖ carência de pensamento lógico; pensamento instintivo, primitivo, agressivo, tendencioso; ingenuidade, preguiça mental
❖ tendência para a crítica destrutiva, mordaz, sarcástica; agitação, rebeldia
❖ indecisão; bloqueios da fala
❖ preguiça, inércia, indolência

Distúrbios na esfera do sentimento
❖ ausência de autocontrole; temperamento irascível, colérico
❖ arbitrariedade, teimosia; audácia e arrojamento sem direção; polêmica; ambição
❖ dependência excessiva, insegurança; medos, incapacidade de ousar; indiferença

Distúrbios na esfera da ação
❖ hiperatividade, ação explosiva, grosseira, impulsiva; violência, brutalidade
❖ decisões precipitadas, iniciativas imponderadas; autoafirmação

- ausência ou carência de impulsos para a ação; adinamia; reações lentas
- ausência de iniciativas; indecisão para definir direção e meta para a vida
- carência de proteção e de defesa

Distúrbios psíquicos relacionados a degenerações da vesícula biliar

- excitação e exaltação descontroladas; irritabilidade, agressividade, cólera e ira; tendências para mania
- amargura; depressão de origem biliar

---

### Quadro sinótico

O poder impulsionador e renovador do hidrato solar *Ferrum/Pyrostegia* corrige excessos e carências do impulso *Ferrum/Marte* no ser humano.[14]

*Continua* ⇨

---

[14] Vide impulso *Ferrum/Marte*, nas págs. 26 e 33.

## Quadro sinótico (continuação)

Desperta a vontade, reaviva o ânimo, dissolve a inércia, a indecisão e a timidez diante da vida; corrige a falência da energia vital da vontade.

Equilibra, ainda, a excitação e a exaltação descontroladas, que se manifestam em irritabilidade, agressividade, cólera e ira, bem como tendências maníacas e estados de amargura e a depressão de origem biliar.

# 6. *Stannum* / *Agave*

## Composição

Metal: *Stannum metallicum* (estanho puro), ou algum mineral natural de estanho, como a cassiterita.
Planta: *Agave americana* L., da família *Amaryllidaceae*.
Nomes populares: piteira, pita.

## *Agave,* estanho vegetal

A agave é uma planta misteriosa, nativa dos territórios áridos da América Central e México, muito cultivada ali e em outras regiões tropicais do planeta. Apresenta folhas fibrosas e longas, de até 2 m de comprimento, lanceoladas, espessas e carnosas, com extremidades aguçadas, que constituem espinhos fortes e vítreos. De tonalidade verde-azulada, elas emergem em forma de roseta compacta de um caule curto e também carnoso, firmemente aderido ao solo.

A planta vive de 6 a 12 anos, e pouco antes do final de seu ciclo vegetativo emite vigorosa inflorescência vertical, que pode atingir até 12 m de altura! De suas ramificações brotam então inumeráveis flores e bulbilhos e, nesse movimento intenso de exteriorização, a planta extingue seu impulso vital e termina seu ciclo na matéria. Em toda a fase de floração, uma poderosa corrente de seiva nutritiva, rica em açúcares, ascende através dessa inflorescência e, ao se cortar sua gema apical, essa seiva passa a jorrar e pode ser coletada diariamente durante muitos meses.

Outra espécie de Agave (*Agave atrovirens*) é cultivada especificamente para esse fim. Quando ao final do quarto ou quinto ano de desenvolvimento o botão floral desponta, este é cortado junto com as 3 folhas mais internas da roseta, e a partir daí colhem-se diariamente vários litros dessa seiva açucarada, por meses seguidos. Ao final da vida da planta, pode-se ter chegado a colher a imensa quantia de até mil litros de seiva!

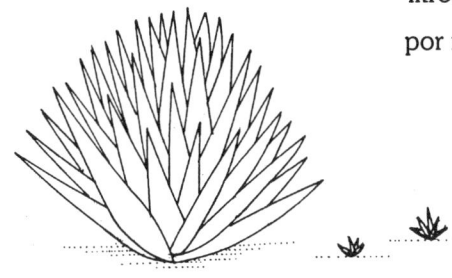

Essa vigorosa seiva nutritiva e vital que sustenta a formação das flores, bulbilhos e frutos do agave expressa, no reino vegetal, a atuação do impulso *Stannum/Júpiter*. Também a expressa o fato de ter a planta um ciclo de 12 anos de vida, período que corresponde à duração da órbita do planeta Júpiter em torno do Sol.

# Indicações

Distúrbios na esfera do pensamento
- presunção, petulância, arrogância; imprudência
- carência ou deficiência de compreensão, de inteligência, de juízo correto

Distúrbios na esfera do sentimento
- condescendência; formalismo
- gabar-se de si; esbanjamento; tendência ao gozo material; inveja
- carência do correto sentido da convivência grupal e social; envolvimento excessivo com coisas, pessoas e acontecimentos
- carência do sentido cerimonial da vida do dia-a-dia; carência do sentido estético

Distúrbios na esfera da ação
- mentalidade e caráter mesquinhos; servilismo, adulação
- ambição de poder e de comando; despotismo; ostentação; falsidade
- tendência a deixar-se levar pelas circunstâncias; ação desorientada e irrefletida; tendência para a ação malfeita

- comportamento rude e grosseiro
- carência do sentido correto de coordenação, direção, organização e planejamento

Distúrbios psíquicos relacionados a degenerações do fígado

- distúrbios de inteligência, de ordenação e coerência; alucinações passivas e mansas; depressão hepatogênica
- exaltação mental, vulnerabilidade, irritabilidade, excitação maníaca

---

## Quadro sinótico

O poder organizador e conciliador do hidrato solar *Stannum/Agave* corrige excessos e carências do impulso *Stannum/Júpiter* no ser humano.[15]

O poder curativo desse hidrato solar reacende a luz da razão, do conhecimento e da compreensão.

*Continua* ⇨

---

[15] Vide impulso *Stannum/Júpiter*, nas págs. 27 e 33.

> **Quadro sinótico** (continuação)
>
> Corrige distúrbios de inteligência e de comportamento; dissolve tendências mentais limitantes e cristalizadas, bem como as de se deixar influenciar por idéias; corrige, ainda, a irritabilidade e a excitação maníaca.
>
> Equilibra estados de exaltação mental, alucinações passivas e mansas, excitação maníaca e depressão hepatogênica.

# 7. *Plumbum / Schizolobium*

## Composição

Metal: *Plumbum metallicum* (chumbo puro), ou algum mineral natural de chumbo, como a galena e a cerusita.

Nome científico da planta: *Schizolobium parahyba* (Vell.) Blake, da família *Leguminosae*.

Nomes populares: guapuruvu, birosca, faveira.

## *Schizolobium,* chumbo vegetal

O guapuruvu é árvore altaneira, de porte elegante e majestoso, que chega a atingir de 20 a 30 m de altura. Ocorre espontaneamente, de forma isolada, nas matas pluviais da costa atlântica, em quase toda a extensão do litoral, do norte ao sul do país. É uma das árvores nacionais nativas de mais rápido crescimento e uma das mais altas da Serra do Mar. É uma planta pioneira, de dispersão natural irregular e descontínua. Prefere matas abertas e capoeiras. No inverno despese da folhagem, e logo no início da primavera tinge-se de bela tonalidade amarela, oriunda de numerosas flores em forma de buquês.

Ao longo de toda a primavera, avançando também pelo verão, desenvolve outra atividade, mais silenciosa e parcialmente oculta, em contraste com a exuberante floração: a lenta formação das sementes. No interior dos frutos, encobertas por leve e resistente película, ainda envoltas por duríssima casca, ocorre na contraparte sutil das sementes um misterioso processo, decisivo para a evolução não só da espécie, mas também de todo o reino vegetal: traslada-se, para elas o código estelar da planta, seu padrão arquetípico.

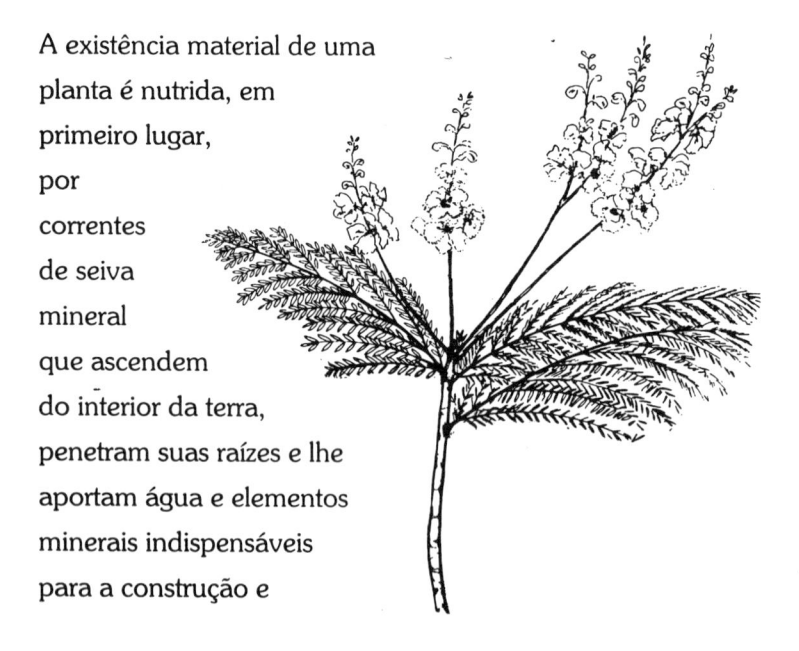

A existência material de uma planta é nutrida, em primeiro lugar, por correntes de seiva mineral que ascendem do interior da terra, penetram suas raízes e lhe aportam água e elementos minerais indispensáveis para a construção e manutenção de sua estrutura física. Dentro do espaço em que cresce, recebe outros elementos imponderáveis, como luz e calor do sol, umidade do ar, influências e vibrações do ambiente, correntes de vida e de forças criadoras planetárias e cósmicas. Esses elementos interagem com a seiva mineral da planta, criando assim outra corrente mais elaborada de líquidos, sua seiva vital.

Com a formação das folhas, a planta gera aos poucos um calor sutil, que penetra sua estrutura interna e constitui uma camada especial de células, o câmbio, logo abaixo da película verde que recobre o tronco. O câmbio representa o elo entre a planta e a terceira corrente cósmica de vida, que se origina em estrelas distantes e traz consigo os padrões arquetípicos do reino vegetal.

As resinas e substâncias similares produzidas pelo câmbio são plasmadas por essa corrente cósmica e têm impressos em si tais padrões, que se trasladam para as sementes no momento de sua formação. Assim, elas se tornam capazes de dar origem a outro ser da mesma espécie.

Esse processo grandioso de criação das sementes recebe influência direta do impulso *Plumbum/Saturno*. Saturno custodia em sua abrangente consciência a "memória cósmica" da vida de nosso sistema solar; da mesma forma, a semente guarda em si a "memória cósmica" da vida da planta.

No guapuruvu esse processo sutil de criação das sementes ocorre de forma especial e muito elaborada, o que coloca todo o seu ser sob a influência mais direta do impulso *Plumbum/Saturno*.

O processo de elaboração do hidrato solar *Plumbum/Schizolobium* deu-se sob condições físicas especiais, algumas inesperadas, porém muito significativas. O recipiente com água, flores do guapuruvu e metal *Plumbum* foi instalado em um galho da árvore a mais de 10 metros de altura, para neutralizar ao máximo a influência das forças telúricas.

No sábado da elaboração, dia da semana relacionado com a energia de Saturno, o tempo esteve parcialmente nublado, e o processo de dinamização solar se deu então de modo mais interno e oculto. Saturno, pela sua fabulosa distância física do Sol, também recebe assim a sua luz e irradiação. Durante uma parte do dia, as condições climáticas ficaram instáveis, com raios e trovões, e criou-se na atmosfera um campo magnético especial, que influenciou direta e positivamente o processo de elaboração.

# Indicações

Distúrbios na esfera do pensamento

❖ Atividade lenta e insuficiente do pensamento e da compreensão; dificuldades e resistências para a atividade mental e espiritual; enfraquecimento e degeneração da memória; apego ao passado; irritabilidade neurastênica, tendências psíquicas maléficas e destrutivas

Distúrbios na esfera do sentimento

❖ Tristeza profunda, melancolia, depressão; hipocondria, temor excessivo, rancor, dificuldade ou incapacidade para reequilibrar situações de desarmonia

Distúrbios na esfera da ação

❖ Paralisação da vontade, tolhimento para o ato de falar, se expressar e agir; tendência patológica para o isolamento; incapacidade de suportar solidão

Distúrbios psíquicos relacionados a degenerações do baço

❖ tendências maníacas e destrutivas, instintos perversos, ilusões dos sentidos, hipocondria; pensamentos suicidas, psicoses.

## Quadro sinótico

O poder sustentador e neutralizador do hidrato solar *Plumbum/Schizolobium* corrige excessos e carências do impulso *Plumbum/Saturno* no ser humano.[16]

O poder curativo desse hidrato solar fortalece a atividade mental e a memória; dissolve dificuldades e resistências mentais, o apego ao passado, tendências psíquicas maléficas e destrutivas; corrige a irritabilidade, a melancolia, a depressão e a hipocondria.

Equilibra tendências maníacas, destrutivas, estados de perversão dos instintos, pensamentos suicidas e quadros de psicoses.

---

[16] Vide impulso *Plumbum/Saturno*, nas págs. 27 e 34.

# Relatos de casos clínicos

Os hidratos solares foram utilizados por grande número de pessoas, com ação bastante definida e adaptada à condição orgânica e psíquica de cada uma. Seus efeitos em geral foram rapidamente percebidos. Nos relatos que se seguem destacam-se casos típicos, a título de ilustração da forma como esses medicamentos atuam e das situações em que se aplicam.

## O afastamento da violência

Homem adulto com diversas dificuldades a nível psíquico manifestava há longo tempo a tendência mórbida de maltratar animais e crianças pequenas. Aproximava-se dos animais domésticos, a princípio com afeição e carinho, mas ao tê-los nas mãos, vinha-lhe uma vontade compulsiva de apertá-los, sufocá-los ou torcê-los, e poderia chegar a extremos, se não fosse sustado por alguém. Quando tinha oportunidade de praticar esses atos, ria de forma descontrolada e seu olhar se modificava. Tomava um ar sinistro, sádico, como se estivesse em contato com uma grande força negativa.

Foi-lhe prescrito inicialmente o uso do hidrato solar *Plumbum/Schizolobium*, pois o chumbo incorpora os impulsos cósmicos correspondentes à esfera planetária de Saturno e esses impulsos regem a criação de esferas protetoras, para que certos processos se desenvolvam sem muitas interferências externas. Em um ser aberto a forças e influências negativas, por exemplo, esses impulsos saturninos podem criar em torno de sua consciência um envoltório salutar.

Todo indivíduo tem um campo energético próprio que o mantém protegido das forças errantes do universo. Quando seu campo energético está fragmentado ou enfraquecido, essas forças podem influenciar sua conduta. O metal *Plumbum* presta efetivo auxílio para restaurar esse campo, e no hidrato solar *Plumbum/Schizolobium* o poder protetor do chumbo encontra-se reforçado de forma especial. No caso aqui relatado, até antes de tomar o medicamento a pessoa não abdicava daquela conduta. Aproximava-se dos animais e das crianças como se se quisesse testar, mas, embora dissesse não ter intenção de maltratá-los, continuava a fazê-lo. Por meio de um processo lento, com o uso continuado do *Plumbum/Schizolobium* intercalado com o *Aurum/Tabebuia* — para facilitar que as mais luminosas tendências viessem à tona —, a conduta foi-se modificando.

Como essa pessoa apresentava também traços constitucionais e fisionômicos arredondados e infantis, como se tivesse estacionado em uma fase precoce de seu desenvolvimento, ou como se nessa fase tivesse sofrido influências desfavoráveis ao desenvolvimento de seu sistema nervoso, acrescentamos ainda o hidrato solar *Stannum/Agave*, para que algo do processo de maturação nervosa pudesse ser recuperado.

A partir de então notamos na pessoa maior vivacidade nos olhos, maior interação com o ambiente, com os semelhantes e com as circunstâncias externas, para as quais antes não dava a menor atenção. Também a estabilização do humor, o aumento da capacidade de compreensão e o surgimento de novos interesses demonstravam claramente que certas áreas do seu ser passavam por genuína renovação.

As perversões do instinto sexual que ainda apresentava foram atenuadas pelo uso posterior do hidrato solar *Argentum/Kalanchoe*, que atua de modo polar com o *Plumbum/Schizolobium*.

# A saída do isolamento

Alguém que sempre demonstrou necessidade de viver à sua maneira, isolado dos demais, atento ao próprio conforto e com freqüentes arroubos de intolerância, foi colocado numa função em que precisava estar em contato com inúmeras pessoas durante todo o tempo. Incomodado por essa circunstância e por reconhecer sua inadequação para um convívio harmonioso, foi tratado com o hidrato solar *Plumbum/Schizolobium*. Quando o processo de "encapsulamento", característico do impulso *Plumbum/Saturno*, é levado a extremo numa pessoa, ela em geral manifesta características individualistas e anti-sociais. O uso desse hidrato solar pode auxiliá-la a encontrar o ponto justo, equilibrado, entre a preservação e o convívio, pode torná-la mais receptiva à vida e aos seus semelhantes.

# O controle de aspectos instintivos

Certo jovem, após uma fase da vida sem desenvolver muito controle sobre os instintos, foi tocado por um nível mais profundo do seu ser e deu início a uma busca de princípios espirituais. Diante da impossibilidade de manter-se num padrão vibratório elevado, entrou em um estado de depressão e de grande conflito consigo mesmo. O constante choque entre a aspiração elevada e a emanação instintiva fazia-o definhar. Foi-lhe prescrito então um tratamento com o hidrato solar *Argentum/Kalanchoe*. Ocorreu uma forte reação orgânica: cerca de 24 horas após o início do tratamento, o jovem foi acometido de febre intensa, que durou um dia e meio. Seguiu-se uma gripe com tosse e constante expulsão de muco. Certas manifestações febris e alguns quadros gripais são formas de depuração, e assim eram no seu caso. O uso do medicamento prosseguiu por cerca de 30 dias; no decorrer desse prazo o jovem foi encontrando maior serenidade e reconhecendo os passos necessários para modificar a vibração do próprio ser. Percebeu que o medicamento não iria miraculosamente levá-lo à pureza almejada, mas que poderia dar-lhe clareza quanto à reeducação que teria de realizar em si mesmo.

## O encontro da alegria

Uma jovem havia saído da fase de puberdade, e apresentava algumas disfunções hormonais. Nessa idade ainda persistia nela uma tristeza que a acompanhou desde a mais tenra infância. Sem motivo aparente, chorava até ficar com as pálpebras vermelhas; estava sempre como uma flor murcha, sem brilho nos olhos, nada a agradava. Mesmo nos períodos em que chorava menos, tudo lhe parecia insosso, sem interesse. De mente ágil, percebia a própria condição desequilibrada e com isso cresciam nela a insegurança e a timidez. Seu tratamento começou com o hidrato solar *Argentum/Kalanchoe*. Quase sempre passiva e lenta, a jovem passou a manifestar interesse por atividades movimentadas e certa rebeldia. O hidrato solar *Aurum/Tabebuia* foi introduzido no tratamento, e foi emergindo um temperamento tranqüilo, porém agora alegre. Já em fase de normalidade, o tratamento prosseguiu: por um período ela usou o hidrato solar *Aurum/Tabebuia* isolado, e depois o *Aurum/Tabebuia* intercalado com o *Cuprum/Hedychium*, para consolidar a harmonização dos aspectos emocionais e favorecer a normalização do funcionamento hormonal.

## O despertar do equilíbrio

Com poucos dias de idade, uma criança perdeu a mãe num acidente e foi então amamentada por várias mulheres diferentes. Até os 24 anos morou com a família, que seguidamente se mudava de cidade e até de país. A jovem oscilava entre retração e expansão, medo e coragem, cuidado excessivo e desleixo, alegria e tristeza. Começou a apresentar sintomas de histeria, irritabilidade e nervosismo descontrolado. Tratada com *Cuprum/Hedychium*, suas energias foram visivelmente se reunindo. A dispersão, os arroubos sentimentais, o fanatismo diante de alguns pontos de vista foram desaparecendo e a jovem adquiriu maior domínio sobre suas reações e sistema nervoso.

# O amadurecimento e aceitação da vida

Um indivíduo tipicamente mercuriano queixava-se de um prurido persistente em diferentes regiões do corpo. Sempre havia dado asas ao seu temperamento sangüíneo: vivia como as borboletas, indo de uma idéia para outra sem finalizar ou amadurecer nenhuma delas. Dava pouca importância às questões concretas. Criativo e ao mesmo tempo divagador, sentia-se limitado por um trabalho que não lhe oferecia nenhuma possibilidade de extravasar a imaginação e que o prendia durante longas horas a uma escrivaninha cheia de papéis e solicitações que o colocavam a todo momento diante de assuntos que considerava densos e desagradáveis. A rejeição freqüente e persistente das novas condições que a vida sempre lhe trazia para equilibrar suas tendências naturais, e que a princípio não lhe agradavam, encontrava no prurido uma via de exteriorização. Essas manifestações pruriginosas já haviam ocorrido em intensidades e áreas diferentes do corpo, sempre em situações semelhantes. Na tendência mercuriana desarmonizada estava a causa da manifestação física do prurido, como de vários desajustes e conflitos. O hidrato solar *Mercurius/Billbergia*, alternado com *Argentum/Kalanchoe,* trouxe-lhe de imediato grande alívio interno, sensação pacificante e profunda serenidade. A própria disciplina para tomar medicamentos de forma regular e contínua, que ele sempre rejeitou por considerar enfadonha, foi adquirida. O *Mercurius/Billbergia* reequilibrou, ainda, tendências unilaterais e volúveis de seu temperamento, enquanto o *Argentum/Kalanchoe* tornou-o menos vulnerável a vibrações psíquicas negativas que encontravam guarida em seu ser. Escreveu-nos: "Não tinha passado ainda por experiência de doença prolongada e, portanto, desconhecia a atuação mais específica dos medicamentos. Mas, com o processo que vivi ultimamente, percebi que esses instrumentos são de fato úteis para romper certos mecanismos. Distorções em nosso campo psíquico ou em nossa vida orgânica podem ser corrigidas não apenas com a polarização correta em um nível superior, mas também com o uso de instrumentos como esses. Os hidratos solares que tomei e tomo regularmente trouxeram-me alegria e maior capacidade de compreensão. Antes só havia tristeza, sonolência e rejeição. É muito importante o conhecimento de nós mesmos. Sei que tudo o que favorece o autoconhecimento pode transformar-se em serviço. Talvez possa compreender mais os outros e a vida a partir disso. Os impulsos que me influenciam se apresentam agora com mais clareza para mim. Tenho tendência a rejeitá-los, quando na verdade deveria transcendê-los e tornar-me mais abrangente. Também não posso rejeitar a energia mercuriana, com sua luz rápida, só porque ela não pode atingir a profundidade filosófica jupiteriana. Não podemos ser completos em nós mesmos, por isso temos de estar servindo em grupo. Doamos então o que temos de melhor e, assim, é possível manifestar a Obra Divina de forma mais plena. Algo muito real que todas minhas células conhecem é o Amor."

## O equilíbrio na atividade

Um jovem inquieto, hiperativo e um tanto desajeitado mudou-se para os arredores de uma grande cidade, onde havia tantas necessidades que o instigavam continuamente à ação. Ao longo de dois anos numa vida de atividade frenética, foi adquirindo um apetite insaciável e passou a ter também freqüentes períodos de insônia, até que essas manifestações chegaram a um grau patológico. Dias após ter começado a usar o hidrato solar *Ferrum/Pyrostegia*, o jovem quebrou o braço. Até então era-lhe impossível manter-se quieto; no entanto, diante da condição de imobilidade, solicitou um período de repouso. O medicamento teve ação tão profunda que, ao instalar-se em ambiente adequado, o jovem dormiu quase 48 horas seguidas. Sua agitação, que nem lhe permitia ouvir os demais, foi dando lugar à calma e à atenção. Seus movimentos foram tornando-se mais suaves e dissolveu-se sua impressão de que não tinha tempo para colocar as coisas em ordem à sua volta.

## A vitória sobre a lassidão

Um bem-sucedido profissional deixou o emprego para iniciar firma própria. Inexperiente em trâmites legais e na lida com a equipe de operários, não pôde evitar o insucesso e, por fim, a falência da firma. Esse fato não arruinou sua carreira, mas abalou-o profundamente. Retornou então ao antigo emprego. Sua capacidade de trabalho não era mais a mesma e foi tomado de uma grande apatia. Cerca de três dias após o início do tratamento com o hidrato solar *Ferrum/Pyrostegia*, estava transformado, até mesmo em seu aspecto físico: a tez pálida mostrava-se agora rosada e vibrante, e uma alegria emanava do seu ser. Não só recobrou a disposição para o trabalho, como passou a encarar a vida e a tratar os acontecimentos do dia-a-dia de uma maneira nova, mais positiva.

# Epílogo

A descoberta dos hidratos solares foi descrita neste livro de forma sucinta, e deixa aos que fizerem uso desta terapêutica a possibilidade de acrescentar novas observações para a sua ampliação.

A linha mestra que orientou a criação desses medicamentos sutis, bem como sua elaboração e aplicação, foi a vida de serviço sem interesses, o espírito de doação sem visar a retorno algum. Assim, eles não são explorados comercialmente. Acreditamos que a adesão a esses princípios ajudará a manter intacto o seu intrínseco poder curativo.

Inúmeras são as possibilidades que esses preparados encerram e infinitos os recursos que trazem à tona. Na prática, a combinação deles em pares polares ou complementares, o seu uso isolado ou sucessivo, conforme a progressão do tratamento, são uma dinâmica fundamental à cura. Tenha-se em vista que cada caso clínico é único e exige dos que o acompanham ausência de preconceitos, neutralidade e visão intuitiva. O acompanhamento deve ser atento e cuidadoso, pois assim as transformações podem ser bem percebidas e servir para indicar os passos seguintes.

O médico ou terapeuta dedicado e verdadeiramente interessado na cura de seus pacientes obterá da própria observação e sobretudo dos sinais do seu mundo interior as indicações para aplicar e expandir as informações aqui oferecidas. E, juntamente com os leitores leigos, poderá também, ao refletir sobre as relações entre as diversas expressões da Vida Única mencionadas, perceber a importância do papel que tem a desempenhar em prol da harmonia universal.

# Índice analítico

absorção do conhecimento, 34
ação
  altruísta, 31
  arrastada, 67
  bloqueio, 83
  cautelosa, 34
  cega, 67
  compulsiva, 61
  criativa, 32
  decidida, 32
  desorientada, 76
  dinâmica, 33
  explosiva, 71
  generosa, 32
  grosseira, 71
  impulsiva, 71
  irrefletida, 76
  malfeita, 76
  moderada, 32
  ordenada, 32
  positiva, 32
  sem alegria, 67
  sem vida, 67
acomodação, 52, 60
adaptabilidade, 31
adinamia, 72
adulação, 76
afetações, 56
*Agave americana*, 73
  estanho vegetal, 73
*Agave atrovirens*, 75
agilidade mental, 31
agitação, 71
agressividade, 72
agudeza mental, 34
alegria, 89, 91
  ausência, 56
  vital, 32
alucinações, 57, 61
  passivas e mansas, 77
amabilidade, 31, 60
amargura, 72
ambição, 67, 71
  de comando, 76
  de poder, 76
anabolismo, 24
ânimo sugestionável, 60
ânsia de viver, 56
ansiedade, 57

antipatia, 56
apatia, 56, 60
apego ao passado, 83
apetite insaciável, 94
arbitrariedade, 71
argentita, 49
*Argentum*, 17, 20, 23, 46
*Argentum/Kalanchoe*, 40, 46, 47, 49, 51-53
  casos clínicos, 88-93
  composição, 49
  distúrbios psíquicos, 52
  indicações, 51-53
  quadro sinótico, 53
*Argentum metallicum*, 49
arrogância, 76
arrojamento sem direção, 71
arroubos sentimentais, 56, 91
articulações
  dinâmica das, 27
  formação das, 27
assimilação, 25
astros do sistema solar, 8, 20, 23
  esquema das órbitas, 19
  relação com dia da semana, 38
atenção, 31
atitude positiva, 32
atividade
  abnegada, 32
  espiritual (dificuldade), 83
  espontânea, 32
  frenética, 94
  inteligente, 32
  mental (dificuldade), 83
ato(s)
  arbitrários, 67
  de atender, 30
  de cuidar, 30
  de dar assistência, 30
  desmedidos, 67
  de tratar, 30
  impulsivos, 67
audácia sem direção, 72
*Aurum*, 17, 20, 23, 46
*Aurum metallicum*, 62
*Aurum/Tabebuia*, 40, 47, 62, 65-68
  casos clínicos, 87, 90
  composição, 62
  distúrbios psíquicos, 67
  indicações, 66
  quadro sinótico, 68
auto-afirmação, 71
autoconfiança
  ausência, 67
  carência, 67
  cega, 67
  impulsiva, 67
autoconhecimento, 32
autocontrole
  ausência, 71
autocrítica, 34
autodignidade, 33
autodomínio, 33
autopreservação, 67
auto-sacrifício, 31
auto-suficiência, 35
azurita, 54

baço, 28
  degenerações, 83
  distúrbios psíquicos, 83
bem-estar físico, 52
benevolência, 34
bilbérgia, 58
*Billbergia euphemiae*, 58
  mercúrio vegetal, 58

birosca, 78
bloqueios
  da fala, 71
  na ação, 56
bromélia, 58
brutalidade, 71
*Bryophyllum pinnatum*, 49

calor anímico, 31
calúnia, 60
capacidade
  de combinação de elementos, 31
  de compreensão associativa, 31
  de harmonizar opostos, 32
  de receber impressões, 31
  de renovação construtiva, 33
  de resistir, 35
  de se transformar, 31
  de suportar, 35
caprichos, 60
caráter
  adulador, 60
  desajeitado, 61
  desassossegado, 61
  inquieto, 61
  lisonjeiro, 60
  mesquinho, 76
  sugestionável, 60
casos clínicos, 85-95
cassiterita, 73
catabolismo, 27
cegueira psíquica, 66
centro regedor, 24, 25, 26, 27, 28
cérebro, 24, 27
cerusita, 78
chumbo, 18, 78
  chumbo vegetal, 79
cinábrio, 58

cipó-de-fogo, 69
cipó-de-são-joão, 69
circulação
  sangüínea, 24, 26
  vital, 26
clareza mental, 32
climatério (psicoses do), 53
cobiça, 67
cobre, 17, 54
cobre vegetal, 54
cólera, 72
comodidade, 52
compaixão, 35
comportamento
  grosseiro, 77
  rude, 77
compreensão
  ampla, 34
  carência ou deficiência, 76
  distúrbios, 60
  lenta e insuficiente, 83
compulsão, 67
conceituação precisa, 34
concepção mental, 30
condescendência, 76
  no agir, 56
condução objetiva da energia, 33
confiança, 32
  cega, 67
conforto, 52
conservação da vida, 27
contenção da vida, 27
coração, 26
  degenerações, 67
  distúrbios psíquicos, 67
coragem, 32, 33, 91
cordialidade, 31

credulidade, 67
crescimento
  celular, 24
criatividade, 30
crítica
  destrutiva, 71
  mordaz, 71
  sarcástica, 71
cuidado
  carência de, 52
  em demasia, 52, 91
cuprita, 54
*Cuprum*, 17, 20, 23, 46
*Cuprum/Hedychium*, 40, 46, 47, 54
  casos clínicos, 89-91
  composição, 54
  distúrbios psíquicos, 57
  indicações, 56-57
  quadro sinótico, 57
*Cuprum metallicum*, 54
curiosidade
  bem enfocada, 31
  mórbida, 60

decência, 34
decisão, 33
decisões precipitadas, 71
dedicação, 31
deficiência no reconhecimento das necessidades alheias, 52
delicadeza, 31
delírio, 67
dependência excessiva, 71
depressão, 83
  de origem biliar, 72
  de origem cardíaca, 68
  hepatogênica, 77

desalento, 67
desânimo, 67
desarmonia, 83
desatenção, 60
desconfiança, 60, 67
descuido, 52, 56
desinteresse, 60
  pelo conhecimento, 60
desleixo, 52, 56, 91
deslumbramento consigo, 67
deslumbramentos mórbidos, 66
despotismo, 76
devoção, 31
dia da semana (relação com hidratos solares), 38
difamação, 60
dignidade, 34
discernimento, 34
discrição, 31
disfunções hormonais, 89
dispersão, 56, 67, 91
disposição
  anímica calorosa, 32
  de lutar, 33
  natural de prestar ajuda, 30
distúrbios
  de coerência, 77
  de inteligência, 60, 77
  de ordenação, 77
distúrbios psíquicos
  baço, 83
  coração, 67
  fígado, 77
  pulmões, 61
  rins, 57
  útero, 52
  vesícula biliar, 72

egoísmo, 61
embotamento mental, 56, 60
emoções exacerbadas, 67
emotividade, 56
  excessiva, 57
empatia mental, 30
entrega, 31
entusiasmo, 56
  vital, 32, 35
envolvimento
  com circunstâncias, 52
  com fatos cotidianos, 52
  excessivo, 76
enzimas respiratórias, 26
equilíbrio, 32
esbanjamento, 56, 67, 76
escárnio, 60
esclerose, 27
esferas planetárias, 18
esfera terrestre, 21
esperança, 32
esqueleto (formação do), 28
esquizofrenia, 57
estados
  compulsivos, 57
  fóbicos, 57
estanho, 17-18, 73
estanho vegetal, 74
estupor, 57
euforia, 53, 61, 67
exaltação, 56, 72
  mental, 77
excitabilidade, 67
excitação (descontrole da), 72
  maníaca, 77
  neurótica, 52
  psíquica, 57
expansividade, 31

fala (bloqueio da), 83
falsidade, 76
falta de impulso para a ação, 67
fanatismo, 56, 91
fantasia exagerada, 52, 53
faveira, 78
febre, 89
ferro, 17, 68
  ferro vegetal, 69
*Ferrum*, 17, 20, 23, 46
*Ferrum metallicum*, 68
*Ferrum/Pyrostegia*, 40, 46, 47, 68-73
  casos clínicos, 93-95
  composição, 68
  distúrbios psíquicos, 72
  indicações, 71
  quadro sinótico, 72-73
fidelidade, 34, 35
fígado, 24, 25, 27
  degenerações, 77
  distúrbios psíquicos, 77
flores, 15, 37, 39
  energias das, 11
  harmonia das, 13
folha-da-fortuna, 49
formalismo, 76
franqueza, 31, 32
fraqueza mental, 66
frieza anímica, 56

galena, 78
generosidade, 31, 34
geocentrismo, 19-20
glândula
  supra-renais, 25
  tireóide, 24
gozo material, 77

grandeza de alma, 32
gravidez (psicoses da), 53
grosseria, 56
guapuruvu, 78-81
gula, 56

*Hedychium coronarium*, 54
  cobre vegetal, 54
heliocentrismo, 19-20
hematita, 68
hidratos solares, 10, 11, 15, 16, 37-40, 97
  *Argentum/Kalanchoe*, 40
  *Aurum/Tabebuia*, 40, 47, 63
  correspondência polar, 46
  *Cuprum/Hedychium*, 40
  esfera de atuação, 47
  *Ferrum/Pyrostegia*, 40
  forma de preparo, 41-43
  forma de uso, 43
  hidrato solar base, 42
  hidrato solar final, 43
  hidrato solar mãe, 42
  indicações de uso, 45-48
  *Mercurius/Billbergia*, 40
  *Plumbum/Schizolobium*, 40
  relação com dia da semana, 38
  *Stannum/Agave*, 40
hiperatividade, 61, 67, 71
hipocondria, 83
hipocrisia, 60
histeria, 53, 61
honestidade, 34
humor sadio, 31
  carência de, 60

idealismo, 32
  ausência de, 67

cego, 67
distorcido, 67
fanático, 67
idéias ilusórias, 60
ilusões, 56, 66, 83
imagens mentais compulsivas, 61
imaginação criativa, 30
imobilidade, 60
impassibilidade, 60
impessoalidade, 34
imprudência, 76
Impulso *Argentum/Lua*, 24, 30, 51, 53
  tendências e predisposições da personalidade, 30
Impulso *Aurum/Sol*, 26, 32, 68
  tendências e predisposições da personalidade, 32
Impulso *Cuprum/Vênus*, 24, 30, 57
  tendências e predisposições da personalidade, 30-31
Impulso *Ferrum/Marte*, 26, 33, 70
  tendências e predisposições da personalidade, 33
Impulso *Mercurius/Mercúrio*, 25, 31, 59, 61
  tendências e predisposições da personalidade, 31-32
Impulso *Plumbum/Saturno*, 27-28, 34, 81, 82, 84, 88
  tendências e predisposições da personalidade, 34-35
Impulso *Stannum/Júpiter*, 27, 33, 75, 77
  tendências e predisposições da personalidade, 33-34
inadaptabilidade, 60
incapacidade de ousar, 71

inconstância, 60
indecisão, 71, 72
indiferença, 56, 60, 67, 71
indiscrição, 56, 60
indolência, 56, 71
inércia, 56, 61, 71
influências densas do psiquismo
 coletivo, 51
influências orgânicas, 24, 25, 26
ingenuidade, 71
iniciativa
 ausência de, 72
 imponderada, 71
 plena, 33
insegurança, 71
insônia, 94
instabilidade, 60
instinto(s), 88
 ausentes, 52
 distorcidos, 52
 exacerbados, 52
 maternal correto, 30
 perversos, 83
 sadios, 30
 sexual perverso, 87
instrução, 34
intelectualismo supérfluo, 60
inteligência, 31
 carência ou deficiência, 76
 distúrbios, 60, 77
interação com a natureza, 30
interesse pelo saber, 31
intolerância, 88
intriga, 60
inveja, 76
ipê, 62
ipê-amarelo, 62
ipê-do-cerrado, 62

ira, 67, 72
ironia, 60
irritabilidade, 67, 72, 77
 neurastênica, 83
isolamento, 83, 88

jasmim-borboleta, 54
juízo correto, 34
 carência ou deficiência, 66, 76
Júpiter, 8, 20, 38

*Kalanchoe pinnata*, 49, 50
 prata vegetal, 50

lamentação mórbida, 60
lassidão, 52, 94
lentidão, 61
 mental, 60
líquidos orgânicos (circulação
 dos), 25
lírio-do-brejo, 54
Lua, 8, 20, 38

maestria, 34
malaquita, 54
maleabilidade, 32
maltrato de animais, 85
mania, 67, 72
 de espreitar, 60
Marte, 8, 20, 38
maturação do organismo, 27
mecanismo racional, 33
medicamentos
 alopáticos, 9
 fitoterápicos, 9
 florais, 9
 homeopáticos, 9

medicamentos *(continuação)*
  psicofármacos, 9
  sutis, 9
medo(s), 67, 71, 91
  vital, 56
melancolia, 67, 83
melindres, 60
memória, 30, 34
  degeneração, 83
  enfraquecimento, 52, 83
  mau uso, 52
mentalidade mesquinha, 76
Mercúrio, 8, 17, 20, 38
mercúrio, 17, 58
mercúrio vegetal, 58
*Mercurius*, 17, 20, 23, 46
*Mercurius/Billbergia*, 40, 46, 47, 58, 61
  casos clínicos, 91-93
  composição, 58
  distúrbios psíquicos, 61
  indicações, 60
  quadro sinótico, 61-62
*Mercurius metallicus*, 58
metabolismo, 24
metais, 15, 17, 21, 23, 37, 39
  *Argentum* (prata), 20, 23
  *Aurum* (ouro), 20, 23
  contraparte imaterial, 18, 20
  correspondência polar, 46
  *Cuprum* (cobre), 20, 23
  energias dos, 9, 10, 11
  *Ferrum* (ferro), 20, 23
  *Mercurius* (mercúrio), 20, 23
  *Plumbum* (chumbo), 20, 23
  relação com dia da semana, 38
  *Stannum* (estanho), 20, 23
mineralização do organismo, 27

mobilidade, 32
movimentos vitais, 25
mucosas, 24, 25

negativismo, 66
negligência, 52, 56
neurose compulsiva, 61
neutralidade, 34
nutrição
  celular, 24

obcecação, 66
obnubilação, 56
organização, 34
órgãos
  de eliminação, 24
  digestivos, 24
  dos sentidos, 28
  genitais, 24
ostentação, 76
ouro, 17, 62
ouro vegetal, 63

paciência, 35
paixões, 56
paratireóides, 24
pele, 24, 25, 26
pensamento(s)
  abstrato, 34
  agressivo, 71
  caloroso, 30
  decidido, 33
  emotivo, 56
  ilusório, 60
  incisivo, 33
  instintivo, 71
  lento e insuficiente, 83
  lógico (carência de), 72

pensamento(s) – *(continuação)*
  objetivo, 33
  prático, 33
  primitivo, 71
  profundo, 34
  realista, 33
  sistemático, 34
  sóbrio, 33
  sólido, 34
  suicida, 83
  tendencioso, 71
persistência, 35
perspicácia, 34
petulância, 76
pioneirismo, 33
pirita, 68
pita, 73
piteira, 73
planetas, 17
plantas, 14, 17
  correntes de forças, 14
*Plumbum*, 18, 20, 23, 46, 86
*Plumbum metallicum*, 78
*Plumbum / Saturno*, 27
*Plumbum/Schizolobium,* 40, 46, 47, 78, 86-88
  casos clínicos, 85-88
  composição, 78
  distúrbios psíquicos, 83
  indicações, 83
  quadro sinótico, 84
pobreza de sentimentos, 56
polêmica, 72
ponderação, 35
prata, 17, 49
prata vegetal, 50
precipitação, 61
precisão, 33, 35

predisposição
  da personalidade, 29-35
  visionária, 52
preguiça, 56, 61, 71
  mental, 60, 71
presunção, 76
princípios (formação de)
  éticos, 34
  morais, 34
  psíquicos, 34
processo(s)
  químicos, 25
  respiratório, 25
  vitais, 26
profundidade, 35
proteção (carência de), 72
prudência, 34
prurido, 91
psicose, 83
  climatério, 53
  gravidez, 53
puberdade, 89
pulmões, 25, 26
  degenerações, 61
  distúrbios psíquicos, 61
*Pyrostegia venusta*, 69
  ferro vegetal, 69

química celular, 25

rancor, 83
reação(ões)
  lentas, 72
  reflexa ágil, 33
  reflexa decidida, 33
rebeldia, 72
receptividade, 31, 34
  excessiva, 51
  patológica, 51

reflexão
 bloqueios, 66
 dificuldades, 66
regeneração
 celular, 24
rejeição, 93
relação mórbida para com o passado, 52
renovação da vida, 24
representação mental, 30
 compulsiva, 61
reprodução celular, 24
reserva, 34, 35
respeito, 31
respiração vital, 26
responsabilidade, 35
rins, 25
 degenerações, 57
 distúrbios psíquicos, 57

sagacidade, 33
saião, 49
sangue
 circulação, 26
 formação, 26
 função, 26
Saturno, 9, 20, 38
*Schizolobium parahyba*, 78
 chumbo vegetal, 79
secreção, 25
sensacionalismo, 60
sentido correto
 cerimonial da vida (carência), 76
 da alegria, 31, 34
 da beleza, 31
 da convivência (carência), 76
 da solenidade, 34
 da verdade, 32
 de coordenação (carência), 77
 de direção (carência), 77
 de organização (carência), 77
 de planejamento (carência), 77
 de vida familiar, 30
sentido estético (carência), 77
sentimento
 ardente, 33
 compassivo, 33
 espontâneo, 33
 extrovertido, 31
 impetuoso, 33
 interiorizado, 35
 ligado à vontade, 31
serenidade, 34
seriedade, 35
servilismo, 60, 76
simpatia, 56
sistema
 circulatório arterial, 26
 circulatório venoso, 24
 digestivo, 24, 25, 26
 glandular, 25
 linfático, 25
 muscular, 25, 26
 nervoso, 25, 26, 27, 28
 nervoso autônomo, 25
 orgânico, 21
 respiratório, 26
 urogenital, 25
soberania, 34
Sol, 8, 13, 20, 38
solidão (incapacidade de), 83
sonambulismo, 52
sonolência, 93
*Stannum*, 17, 20, 23, 46

*Stannum/Agave*, 40, 46, 73
  casos clínicos, 87
  composição, 73
  distúrbios psíquicos, 77
  indicações, 76
  quadro sinótico, 77-78
*Stannum metallicum*, 73
superficialidade de emoções, 56

*Tabebuia vellosoi*, 62
  ouro vegetal, 63
tagarelice patológica, 60
tédio, 67
teimosia, 71
temor excessivo, 67, 83
temperamento
  colérico, 71
  irascível, 71
tendência(s)
  da personalidade, 21, 29-35
  exacerbada à alienação, 52
  exacerbada à divagação, 52
  exacerbada à fantasia, 52
  exacerbada à fuga, 52
  destrutivas, 83
  maníacas, 72, 83
  psíquicas destrutivas, 83
  psíquicas maléficas, 83
tensões psíquicas, 57
tristeza, 67, 91, 93
  profunda, 67, 83

útero
  degenerações, 52
  distúrbios psíquicos, 52

vanglória, 76
veneração, 31
Vênus, 8, 20, 38
vesícula biliar, 26, 27
  degenerações, 72
  distúrbios psíquicos, 72
vícios, 61
vida
  conservação, 27
  contenção, 27
  embrionária, 27
  metabólica, 24
vínculos familiares distorcidos e possessivos, 52
violência, 71, 85-87
visão abrangente, 34
vitalidade, 27
vivacidade, 32
vontade
  paralisação, 83
  compulsiva, 86
  inabalável, 33
  ligada ao sentimento, 31
vulnerabilidade, 77

zelo excessivo, 56

# Receituário de Medicamentos Sutis

## – Elaboração e Prescrição –

### Dr. José Maria Campos
#### (Clemente)

Após anos de pesquisa e trabalho em instituições voltadas para técnicas alternativas de cura, o Dr. José Maria Campos (Clemente) retirou-se para uma nova experiência de vida, totalmente dedicada ao serviço evolutivo, numa fazenda no interior do país.

Em contato com os reinos da Natureza, foi inspirado a elaborar, com base nos potenciais sutis de plantas e minerais, técnicas terapêuticas e medicamentos que têm permitido a leigos e a profissionais da área da saúde vislumbrar caminhos de maior integração entre a arte de curar e a vida da Natureza.

**Cultrix/Pensamento**

2ª edição

# GUIA PRÁTICO DE TERAPÊUTICA EXTERNA

*Métodos e procedimentos terapêuticos
de grande simplicidade e eficácia*

Dr. José Maria Campos
(Clemente)

As práticas terapêuticas externas, desenvolvidas até certo ponto em épocas passadas, dão-se hoje a conhecer como um potente instrumento de cura e amplo campo de investigações. Com a aproximação entre o mundo material e o mundo imaterial, que atualmente começa a realizar-se, pode-se atingir com maior facilidade certos nódulos, contraparte sutil das doenças, especialmente pelo uso dessas técnicas naturais.

Assim, Dr. José Maria Campos, um dos autores de PLANTAS QUE AJUDAM O HOMEM, traz agora um guia prático, fruto de seu trabalho e pesquisa nesse setor da medicina. Nesta obra, apresenta indicações para o uso de algumas plantas, sugestões para o preparo e emprego de compressas, cataplasmas, pedilúvios, banhos de imersão, lavagens intestinais e aplicações de argila. Acrescenta também orientações sobre a elaboração de chás, pomadas, tinturas e outros produtos, bem como esclarece pontos importantes sobre o manuseio de plantas medicinais.

CULTRIX / PENSAMENTO

5ª edição

# *PLANTAS QUE AJUDAM O HOMEM*

## Guia Prático para a Época Atual

Dr. José Caribé

Dr. José Maria Campos (Clemente)

Obra de autoria de dois médicos que se dedicam à tarefa de ajudar os semelhantes na atual fase de transição planetária. Com esse objetivo, organizaram este precioso guia que leva o leitor a conhecer, amar e utilizar inteligentemente plantas que até agora tiveram uso limitado, mas que podem prestar maiores serviços não só no campo alimentar, como também no campo da saúde.

Diante da situação de emergência em que o mundo está ingressando, e da crescente falta de alimentos e de assistência social e médica que ameaça a sociedade humana, um livro como este é de grande valia; fornece sugestões para os que buscam um modo de viver mais simples, um contato amoroso e fraterno com as dádivas da Natureza.

CULTRIX / PENSAMENTO